“7·31”广西苍梧5.4级地震发震构造研究

“7·31” GUANGXI CANGWU 5.4 JI DIZHEN FAZHEN GOUZAO YANJIU

李细光　潘黎黎　吴教兵　著

图书在版编目(CIP)数据

"7·31"广西苍梧5.4级地震发震构造研究/李细光,潘黎黎,吴教兵著.—武汉:中国地质大学出版社,2022.8

ISBN 978-7-5625-5296-3

Ⅰ.①7… Ⅱ.①李… ②潘… ③吴… Ⅲ.①地震构造-研究-苍梧县 Ⅳ.①P316.267.4

中国版本图书馆CIP数据核字(2022)第138786号

"7·31"广西苍梧5.4级地震发震构造研究　　李细光　潘黎黎　吴教兵　著

责任编辑:周　豪　　选题策划:周　豪　张　健　　责任校对:张咏梅

出版发行:中国地质大学出版社(武汉市洪山区鲁磨路388号)　　邮政编码:430074
电　　话:(027)67883511　　传　　真:(027)67883580　　E-mail:cbb@cug.edu.cn
经　　销:全国新华书店　　http://cugp.cug.edu.cn

开本:787毫米×1092毫米 1/16　　字数:164千字　　印张:6.5
版次:2022年8月第1版　　印次:2022年8月第1次印刷
印刷:武汉中远印务有限公司

ISBN 978-7-5625-5296-3　　定价:58.00元

目　录

第一章 绪言

第一节 研究现状

发震构造是指在现代构造条件下，过去发生过地震，今后仍有可能发生地震的构造（时振梁等，2004；鄢家全等，2008）。发震构造包括两个方面的含义：一是曾经是地震震源的地质构造，二是未来可能发生破坏性地震的地质构造。历史时期发生过强震的构造，近代有仪器记录的中强地震或有较多中小地震的构造，从地表破裂现象识别出的有古地震遗迹的构造，或者从地质意义上讲，在相当长时间内曾经发生过大地震导致地壳发生断裂错动的构造，都可认为是发震构造。对于这个“相当长时间”，传统意义上是指12万～10万年以来，而早第四纪活动的断裂也能产生中强地震，所以可将发震构造的活动时代延长到早第四纪。

地震的发生并不完全是随机的，其分布总体受发震构造的控制。地震的活动分布大致反映了现代最新构造运动特征。因此，对地震发震构造的研究成为了解中国大陆现今构造变形及块体运动特征的重要手段，是研究强震发生机理和区域地球动力过程的重要窗口与有效途径。同时，发震构造判别研究一直是地震区划与工程地震研究中一项十分重要的工作。无论是在概率地震危险性分析中划分潜在震源区，还是采用构造法确定弥散地震区内的潜在发震构造，都以发震构造鉴定为重要研究基础。合理的发震构造判别，对未来地震的预测有较大的影响，对工程场地地震安全性评价工作中潜在震源区的划分也有较大的影响。

国内外学者通过大量中强地震震例的发震构造研究，总结出地震重演原则和构造类比原则是判定发震构造的两条基本依据。一般认为中国大陆地区震级为6¾级以上的地震，才能产生不同规模的地震地表破裂带和不同大小的位移（邓起东等，1992）。中强地震在地表或近地表没有明显断错活动的显示。相对于大地震发生地区而言，中强地震震中区晚第四纪以来地表断错活动相对微弱，发震构造的地表活动断裂标志不甚明显，在判定过程中存在较大的难度。如何进行中强地震发震构造的判别一直是工程地震研究领域中的重点及难点。

对于中强地震的发震构造判别，国内一些学者从诸多方面提出了中强地震发震构造的标志和特征（周本刚和沈得秀，2006；沈得秀，2007；向宏发等，2008；章龙胜等，2016），大致有以下几个方面：①中强地震多发生在第四纪（早、中更新世）活动断裂带附近，尤其是伴有第四纪玄武岩或温泉集中出露的地段；②中强地震常发生在新构造断、坳陷盆地的发育或分布区，特别是断陷陡深带内或大型坳陷的次级坳陷内；③具有明显第四纪活动构造地貌特征的地区，如地貌断阶带和构造分水岭等处也有中强地震发生；④小震丛集带内或附近有发生中强地震的可能；⑤中地壳层内深变质岩系中，底面存在低速、高导层，埋藏深度变化较大地段及布格重力异常梯级带均是中强地震易发生地段(鄢家全和贾素娟,1996;鄢家全等,2008;李起彤和南金生,1990;谢瑞征等,1997;韩竹军等,2002;沈得秀,2007;向宏发等,2008)。周本刚和沈得秀(2006)最新研究发现中强地震震中区与其周边相对稳定地区在构造活动性及其地震活动性上有一定的差异,进而提出了通过对中强地震构造带地貌差异性和第四纪地层分布特征等研究识别及判定发生中强地震地质构造的标志,初步探讨了我国中强地震活动区发震构造的判别问题。

第二节　研究目的及意义

2016年7月31日17时18分10秒广西苍梧县发生的5.4级地震是梧州市有地震记载以来震级最高的地震,也是广西1970年有仪器记录以来的最大陆地地震。此次地震打破了东南沿海地区长达16年未发生5级以上中强地震的超长平静状态。此次地震波及的有感范围达到500多千米,造成梧州市9个乡镇受灾,受灾人口2.55万人,紧急转移安置人口2067人,1099间房屋不同程度受损,直接经济损失约10204万元,所幸没有人员伤亡。

在地震发生后,党中央、国务院和自治区以及梧州市党委、政府高度重视,中国地震局、广西壮族自治区地震局迅速启动地震应急Ⅲ级响应,各相关单位赶赴灾区开展抗震救灾工作。2016年7月31日,自治区人民政府在广西壮族自治区地震局召开自治区抗震救灾指挥部紧急会议,自治区领导出席会议并作了工作部署。

本次地震震中位于桂东地区,地处华南板块中部,发震构造相对稳定,已经有200多年没有发生过5级以上的中强地震。在全球大震巨灾接连不断、全国强震大灾频繁发生的大背景下,广西显著有感地震呈现密集簇生状态,梧州地区地震形势依然严峻而复杂,开展苍梧5.4级地震发震构造探测与地震危险性评价工作势在必行。

在地震发生后,广西壮族自治区地震局率先启动了"7·31广西苍梧5.4级地震科学调查"项目,还积极向广西壮族自治区科学技术厅和中国地震局申请科研经费,于2017年开展了"7·31广西苍梧5.4级地震发震构造研究"(桂科AB17195022),于2018年开展了"贺街-夏郢断裂活动性鉴定"项目,通过震中区地震宏观调查、地震地质调查、地球物理勘探、槽探及年代学测试等方法和手段,调查并鉴定了贺街-夏郢断裂的活动性,判定了本次地震发震构造,评价了其地震危险性,为梧州市和苍梧县的城市规划、土地利用、重大工程选址和抗震设防工作提供了科学的依据。本书是对上述成果的系统总结,可为后人研究提供参考。

第三节　研究区域及方案

一、研究区域

本书的研究区域是指以"7·31"苍梧5.4级地震震中为中心,半径150km的区域范围(图1.1)。

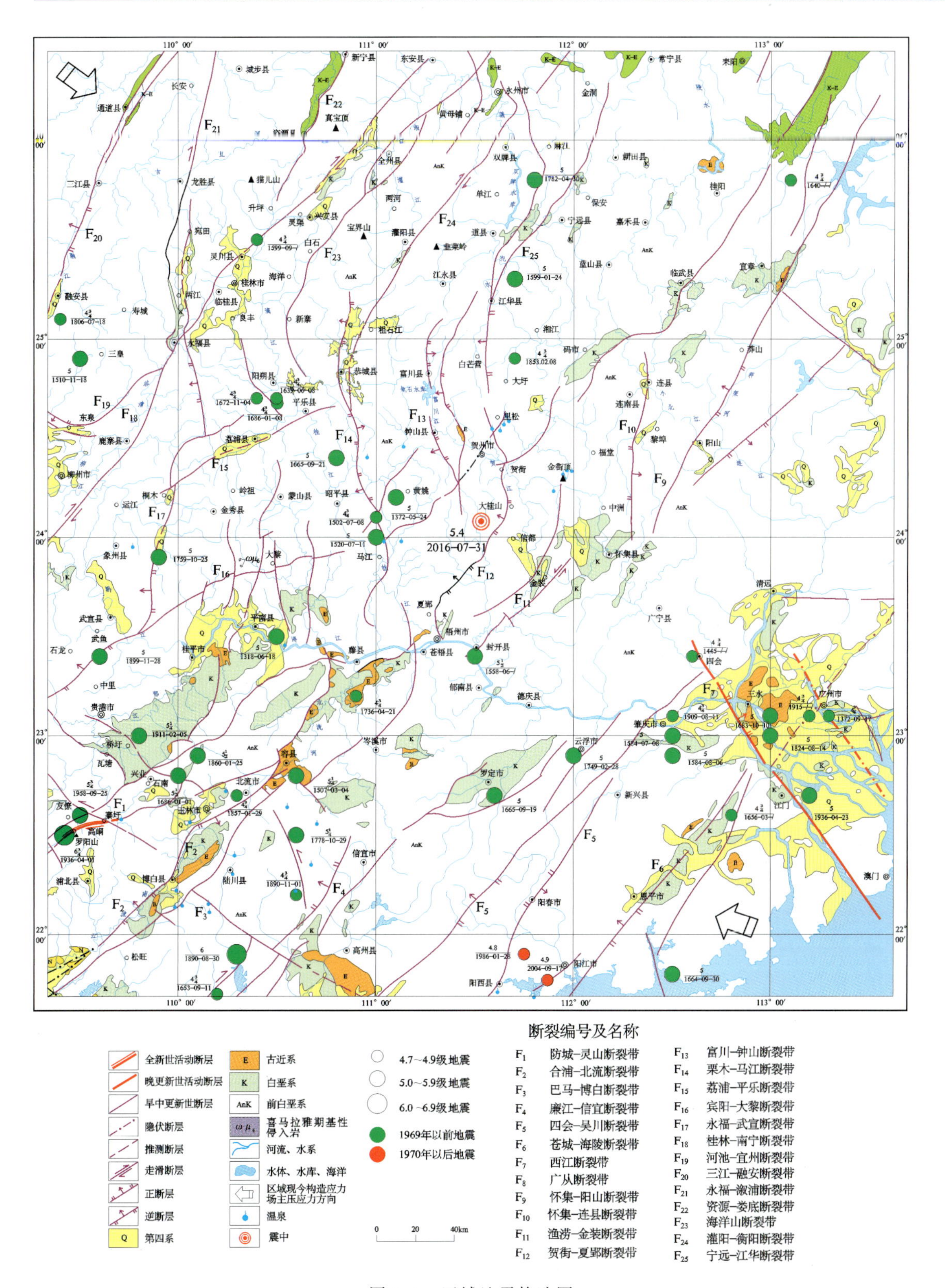
断裂编号及名称
全新世活动断层
晚更新世活动断层
早中更新世断层
隐伏断层
推测断层
走滑断层
正断层
逆断层
第四系
古近系
白垩系
前白垩系
喜马拉雅期基性侵入岩
河流、水系
水体、水库、海洋
区域现今构造应力场主压应力方向
温泉
震中
4.7~4.9级地震
5.0~5.9级地震
6.0~6.9级地震
1969年以前地震
1970年以后地震
0 20 40km
F_1 防城—灵山断裂带
F_2 合浦—北流断裂带
F_3 巴马—博白断裂带
F_4 廉江—信宜断裂带
F_5 四会—吴川断裂带
F_6 苍城—海陵断裂带
F_7 西江断裂带
F_8 广从断裂带
F_9 怀集—阳山断裂带
F_{10} 怀集—连县断裂带
F_{11} 渔涝—金装断裂带
F_{12} 贺街—夏郢断裂带
F_{13} 富川—钟山断裂带
F_{14} 栗木—马江断裂带
F_{15} 荔浦—平乐断裂带
F_{16} 宾阳—大黎断裂带
F_{17} 永福—武宣断裂带
F_{18} 桂林—南宁断裂带
F_{19} 河池—宜州断裂带
F_{20} 三江—融安断裂带
F_{21} 永福—溆浦断裂带
F_{22} 资源—娄底断裂带
F_{23} 海洋山断裂带
F_{24} 灌阳—衡阳断裂带
F_{25} 宁远—江华断裂带
5.4
2016-07-31

图 1.1 区域地震构造图

本书"震中区附近"是指以震中为中心,周围30～50km的区域(图1.2)。

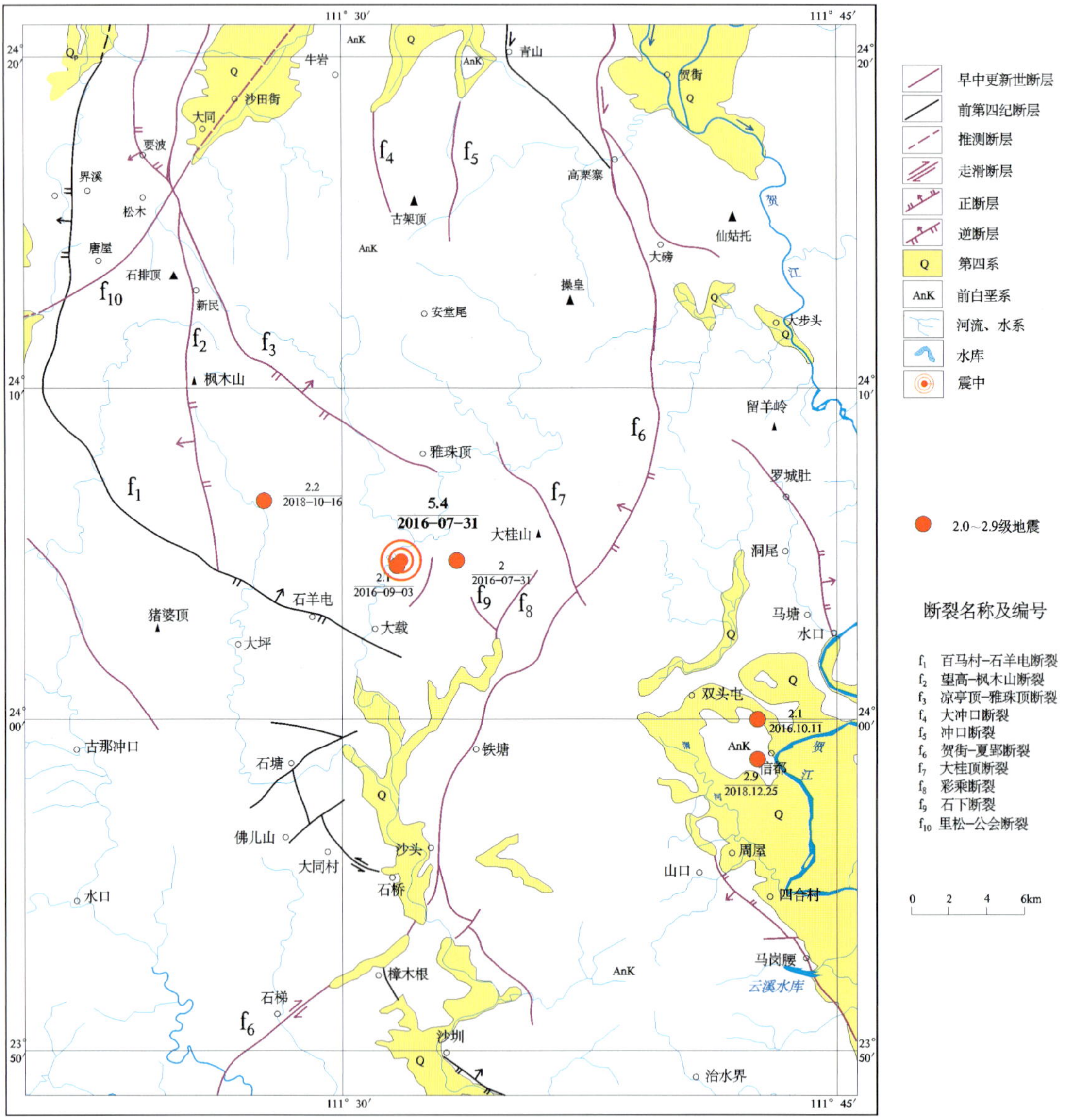

图1.2 震中区附近地震构造图

二、研究方案

本书主要技术工作方法可归纳为以下5个方面。

(1)整理和分析地震、地质、地球物理、新构造等成果资料,补充调查4条区域性断裂带,分析区域地震构造环境。

(2)开展震中区主要断裂的详细地震地质调查、地球物理勘探,并结合钻探、槽探、联合地质剖面、地质地貌填图和年代学测试等手段,探测查明断裂几何学、运动学、年代学、活动性及分段等特征,并鉴定其活动时代。技术路线见图 1.3。

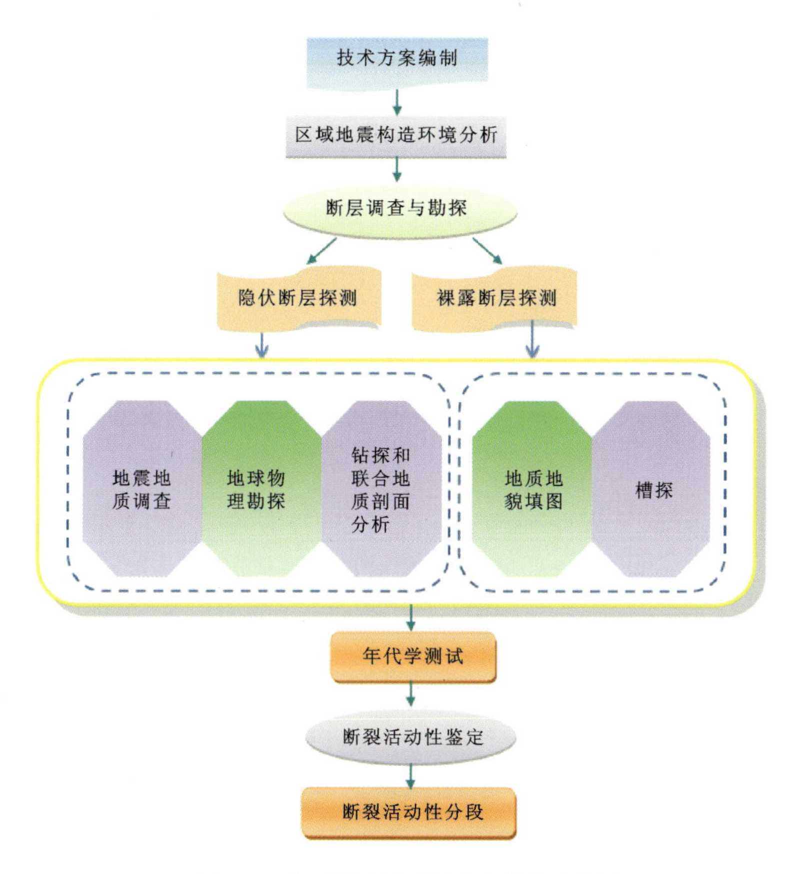

图 1.3 主要断裂活动性鉴定技术路线图

(3)采用地震层析等方法开展深部构造研究工作,并结合震区大地电磁测深、重磁异常等成果资料,分析震区地壳结构、深部构造特征以及深、浅构造耦合关系。

(4)开展高精度遥感影像解译、晚第四纪以来构造活动的地质地貌响应、地壳形变、震源机制解、小地震精确定位、余震分布、活动构造与中强地震等方面研究,结合断裂活动性研究和地震现场宏观调查资料,综合判定本次地震的发震构造。技术路线见图 1.4。

(5)综合地震、地质、新构造、地球物理、断裂活动性等资料,确定该断层活动段潜在地震最大震级,评价震中区主要断裂的地震危险性。

参加广西苍梧 5.4 级地震发震构造调查研究工作的广西壮族自治区地震局及技术协作单位的主要科研人员有:李细光、李冰溯、吴教兵、聂冠军、周斌、李航、张忠利、张黎、梁结、赵修敏、李海、王林、何兴敦(广西壮族自治区地震局),潘黎黎、陆俊宏、韦王秋、蒙南忠、黎峻良、刘华贵、高鹏飞、李娇媚(原广西工程防震研究院),汪劲草、陈磊(桂林理工大学)。本项目在执行期间得到了中国地震局、广西壮族自治区科学技术厅、广西壮族自治区地震局、梧

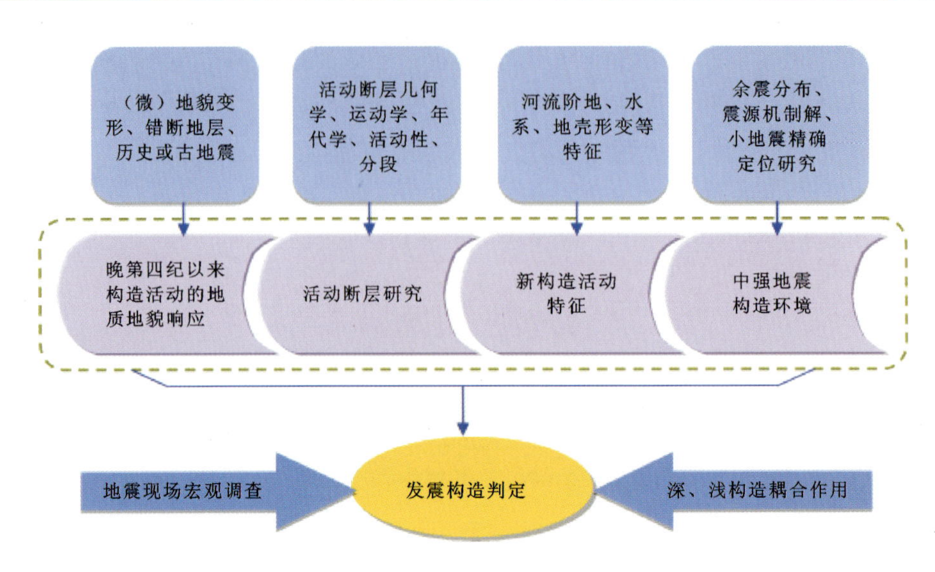

图1.4　发震构造判定技术路线图

州市地震局、苍梧县人民政府、苍梧县地震局等各级部门和领导的大力支持。本项目在实施过程中多次得到了冉永康、田勤俭、何宏林、杨晓平、刘保金、陆济璞、李伟琦等专家在遥感影像解译、断裂活动性鉴定、物探布线、探槽选址、探槽编录解译、年龄样品采集等多方面悉心细致的指导和帮助。这些支持、指导和帮助对于我们来说极为宝贵，在此对各位专家们表示衷心的感谢！

第二章　区域地震构造环境

第一节　大地构造位置

据《中国区域地质概论》(程裕淇，1994)中对华南地区构造单元的划分方案，贺街-夏郢断裂位于华夏陆块(Ⅲ)与南华活动带(Ⅱ)的接合部位，其东侧是桂东褶皱系($Ⅲ_3$)鹰扬关褶皱带($Ⅲ_3$)，其西侧是桂中-桂东北褶皱系($Ⅱ_1$)大瑶山隆起($Ⅱ_1^4$)(图 2.1)。

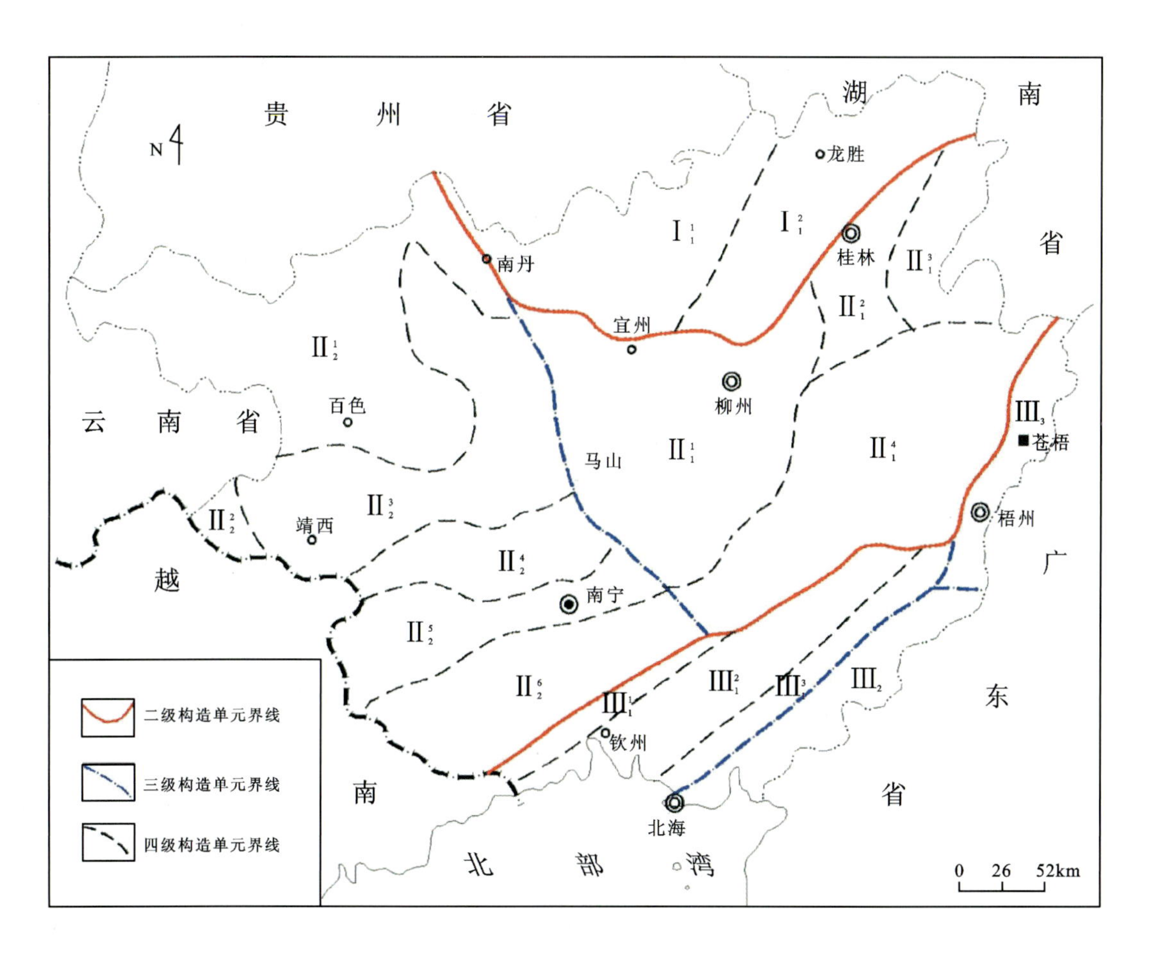

图 2.1　广西构造单元划分示意图

区域出露最老地层为新元古界，为滨浅海-槽盆相沉积环境，沉积厚4000多米的陆源碎屑复理石建造，夹海底基性火山碎屑岩-细碧角斑岩建造，以及夹多层赤（磁）铁矿和碳酸盐岩。地壳曾经晋宁运动而隆升，可能缺失南华纪早期的沉积，晋宁期褶皱出露不多，构成北北东向紧闭线状复式褶皱。

下古生界虽仅出露寒武系，但分布面积却很广，为浅海—深海沉积环境，主要为陆源碎屑复理石建造，厚2000m。广西运动使之褶皱隆起，构成加里东褶皱基底，形成东西—北东向的紧闭线状复式褶皱。盖层为泥盆系、石炭系，由滨岸碎屑岩-浅海碳酸盐岩-台沟相硅质岩组成，泥盆系莲花山组角度不整合于寒武系之上，主要分布于信都—贺街一带，构成两个平缓开阔的短轴状向斜。此外，白垩系和古近系在断陷盆地内有零散的分布。

岩浆活动频繁，形成加里东期和燕山期中酸性—酸性岩体，白垩纪有中酸性火山活动。区内北东—北东东向、北西—北北西向和近南北向多组断裂发育。

第二节　新构造位置

一、区域新构造运动特征

间歇性抬升运动是新构造运动的主要形式，由于间歇性抬升运动，区域发育有4～6级河流阶地、4级以上溶洞以及多级剥夷面等层状地貌；断块差异运动是新构造运动的基本特征，由于断块差异运动，断裂分割后各块体内的河流演化、山脉走向及地震活动存在差异；不均匀的掀斜运动是新构造运动又一重要特征，受南岭抬升的影响，区域呈现出北高南低的总体地貌特征，加之东南部云开地块抬升的影响，区域还呈现出西低东高的特征。新构造运动具有分区性，贺街-夏郢断裂位于桂东南断块隆起区、赣粤轻微断隆区和粤桂断隆区及桂中轻微隆起区的接合部位（图2.2）。

二、新构造运动主要分区

1. 赣粤轻微断隆区（Ⅲ）

该分区位于邵武-河源断裂带以西，东接粤闽差异性断块隆起区，南接珠江三角洲断陷区，构造上处于南岭纬向构造带、华夏式构造带与粤北“山”字形构造的复合部位。古生代的造山运动使区内地层褶曲，成为湘粤褶皱带的组成部分；燕山运动时有广泛岩浆岩侵入，地壳隆起形成大面积的山地，隆起区之间则有北东向的坳陷或断陷，发育了一组同走向的盆地，东北部一带还有火山喷发；喜马拉雅运动时以继承性褶断为主，老剥蚀面进一步抬升，盆地倾侧，沉积了古近纪—新近纪砂岩和砂砾岩，第四纪以来地壳以整体的间歇性缓慢上升为主，山体受河流下切，形成多级阶地，盆地则受剥蚀，周边形成数级台地，成为海拔数十米乃至百米的高盆地，如英德盆地、翁源盆地、灯塔盆地。本区的新构造运动是大面积的间歇性

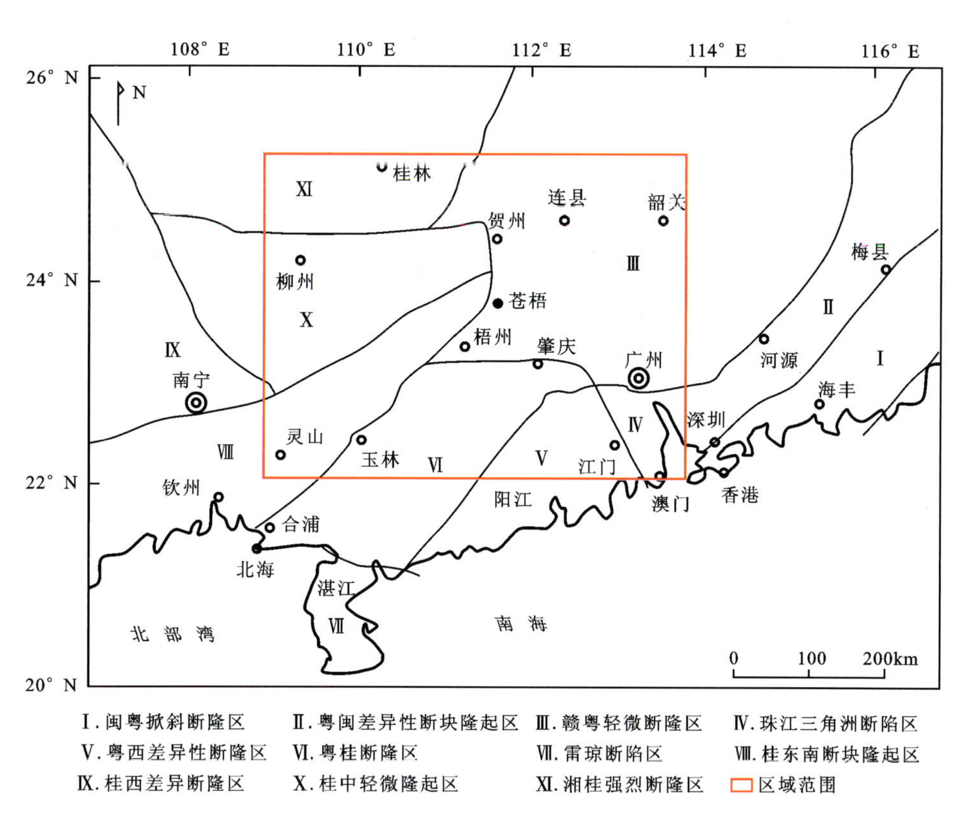

图 2.2 区域及邻区新构造分区图

缓慢抬升，从溶蚀盆地内发育的几层溶洞的相对高度及其形成时代，可以大致估算不同地质时期地壳运动的幅度和速率。其中，英德盆地共有 3 层比较发育的溶洞，上层、中层、下层的比高分别为 80m、50m、20m。广州三元里钻孔结果揭示，埋深为 20m 的溶洞，时代为中更新世（Qp_2）—晚更新世（Qp_3）初期。韶关盆地内也发育 4 层喀斯特溶洞，其比高分别为 0m、10m、20～30m、50m。根据第二、第三层溶洞内的动物化石和马坝人骨化石的时代鉴定结果，它们应形成于中更新世（Qp_2）、中更新世（Qp_2）—晚更新世（Qp_3）。根据与本区相邻的其他沿海断块构造区地壳抬升幅度速率比较，本区各盆地地壳的抬升或沉降幅度和速率都偏小，而且区内各地的抬升运动强度也一致，说明本区晚更新世以来的地壳运动特征是大面积间歇性的缓慢抬升，南部兼有幅度不大的倾斜。

2. 粤桂断隆区（Ⅵ）

本区东以四会-吴川断裂带为界，与粤西差异性断隆区相接。燕山期有规模较大的断裂活动和花岗岩侵入，形成一系列受北东向断裂控制的断块山和地堑。云开大山、云雾山脉此时已相继隆起。在断陷区则堆积了中生代红色建造，如罗定盆地、怀集盆地、茂名盆地等，均被中生代的红色岩系充填。喜马拉雅运动对本区的中部、北部影响不大，但在南部沿海地带发生受遂溪-阳江（合浦）断裂带控制的断块差异运动，使原来与大陆地块连为一体的雷州半岛地壳发生断块沉陷，沉积了巨厚的古近纪—新近纪滨海相至浅海相砂页岩。

本区新构造运动主要表现为大面积的间歇性抬升和幅度不大的断块差异运动。云开大山是本区断块隆起的骨架，最高峰大田顶海拔 1703m，东、西两翼分别为云雾山和天堂山，主峰海拔均在 1000m 以上，由古老的变质岩或燕山期花岗岩组成，呈北东-南西向延伸，两翼之间分布着低山丘陵及准平原化的古生代—中生代盆地，如信宜丘陵、郁南低山丘陵、云雾山低山丘陵、罗定盆地等。南部沿海地势低平，多为台地或狭小的冲积平原，如吴川-水东台地平原、廉江台地等。

总的说来，本区新构造运动主要是大面积间歇性上升的断块隆起，但南、北之间又有差异，北部隆起幅度大，南部隆起幅度小。

3. 桂东南断块隆起区（Ⅷ）

本区以合浦-北流断裂带为界，东接粤桂断隆区；西界是桂林-南宁断裂带，该断裂控制桂东南山地和丘陵、平原的分界，存在明显的地貌反差。北东向的合浦-北流断裂带、防城-灵山断裂带和桂林-南宁断裂带是控制本区燕山运动以来地质地貌发育的主要构造。这反映在沿断裂走向发育的断块山和断层谷，如云开大山、大容山-六万大山、十万大山、南流江和北流江谷地、玉林盆地等。喜马拉雅运动沿袭燕山活动方式。新构造运动以继承性的大面积间歇性上升为主，沿海一带则有轻微的自南而北的挠升运动。间歇性抬升主要反映在玉林盆地-南流江谷地，沿河谷或盆地发育 80～100m 平顶丘陵（Qp_1），60～80m（Qp_2）、35～40m（Qp_3）和 10m 以下（Qh）的 3 级阶地。钦江谷地则见多级叠置型冲积扇、断层崖、跌水等。从地壳垂直形变资料分析，本区存在东、西侧的运动强度差异，即防城-灵山断裂带强于合浦-北流断裂带。地震活动西部强于东部，西部灵山历史上多次发生破坏性地震，最大震级为 1936 年 6¾ 级地震；西部仅发生过 1 次 4.7 级地震。除间歇性抬升运动以外，近代地壳还存在自海向陆挠升运动。沿海多溺谷式海湾，Ⅰ级阶地自南向北变高。又据新近研究，濒临北部湾的防城三角洲距今 6ka 以来逐渐发生后退，已累计后退数十千米，这也是沿海地壳下沉的一种反映。

4. 桂中轻微隆起区（Ⅹ）

本区位于桂东南断块隆起区与桂西差异断隆区之北，分别以桂林-南宁断裂带及都安-马山断裂带为界，北以河池-宜州断裂带与湘桂强烈断隆区相邻。新生代以来本区为整体缓慢上升区，地貌上其四周为 1000m 以上的山地，区内多为 600m 以下的丘陵台地，相对呈现出盆地地貌。本区新构造运动微弱，地形切割较浅，构造相对稳定。

第三节　区域断裂构造

一、区域断裂构造分类

区域内的区域性断裂是在新近纪以前形成的继承性断裂，在第四纪重新活动。本区有北东向、南北向、北西向、近东西向和北北东向、北东东向 6 组不同方向的断裂带，北东向断

裂数量多，北西向断裂活动时代最新(见图 1.1)。现将它们的基本特征简述如下。

(1)北东向断裂：广泛分布于区域内，总体走向 20°～50°，规模宏大，呈舒缓波状延伸，长度大。断裂形成于加里东期，是长期活动的断裂，第四纪重新活动。研究表明，该组断裂在新生代初或更早期间表现出左旋剪切-挤压的力学性质，之后力学性质发生改变，表现为右旋剪切-引张，新近纪后，表现为右旋剪切-挤压或拉张性质。测年资料显示，断裂在中更新世中期普遍有过强烈活动，部分断裂的局部区段在晚更新世初期有过活动，运动方式以黏滑为主，兼有蠕滑。

(2)南北向断裂：分布在区域北部和东北部。总体走向近南北，长度一般大于 120km。断裂形成于加里东期和印支期，早第四纪有不同程度的活动，并以挤压为特征。

(3)北西向断裂：主要分布于区域的东部边缘和西南角。该方向断裂总体走向 310°～330°，长度大，断裂线平直。断裂形成于加里东期—海西期，是长期活动的断裂。燕山期—喜马拉雅期表现出左旋剪切-挤压的力学性质，自第四纪以来有明显的活动。据测年资料，断裂在中更新世中期普遍有过强烈活动，个别断裂和部分断裂的局部区段在晚更新世初期有过活动，运动方式以黏滑为主，兼有蠕滑。

(4)近东西向断裂：分布在区域西北部，在早第四纪期间有过活动，与北北东向断裂交会部位是发震的有利部位。

(5)北北东向断裂：分布在区域西北角，与东西向断裂的交会部位是地震多发部位。

(6)北东东向断裂：发育在沿海地区，在全新世有过活动。

二、区域典型断裂特征

1. 防城-灵山断裂带

该断裂带西南起自越南境内，往东北经钦州、灵山至藤县西，呈舒缓波状延伸，全长约 350km，总体走向 40°～50°。大致以寨圩为界，南西段倾向以北西为主，北东段倾向以南东为主，倾角 40°～80°。该断裂带综合表现为高角度的逆断层。沿断裂带是布格重力异常北东向梯度带，并有分段性，同时还是串珠状磁异常带。断裂带上有不同时代的中酸性岩体侵入，属上地壳(硅铝层)深断裂。新生代以来，断裂带有明显的活动，并表现出右旋剪切-引张的力学性质。沿断裂带形成构造谷地，两侧地貌反差强烈。

周本刚等(2008)研究指出，由于地质结构、应力状况及环境条件的不同，断裂的活动性往往呈现出明显的分段现象，不同区段的活动特征各异。在通常情况下，断裂的分段可以概括为以下 4 种：①断裂的几何形态分段；②断裂的结构分段；③断裂的活动性分段；④断裂的破裂分段(丁国瑜，1993)。以下对防城-灵山断裂带的分段仅限于断裂的活动性分段，即根据断裂的长期活动差异进行分段(图 2.3)。根据沿防城-灵山断裂带调查获得的基础资料，在进行活动性分段时考虑以下几个因素：①断裂带的地貌差异；②断裂带与晚中生代—新生代盆地的关系；③断裂带内断裂的活动性差异；④地震活动的差异；⑤断裂带与北西向断裂带的关系。根据上述的分段原则，防城-灵山断裂带可分为 4 个区段，以下简述各区段的构造和活动特征。

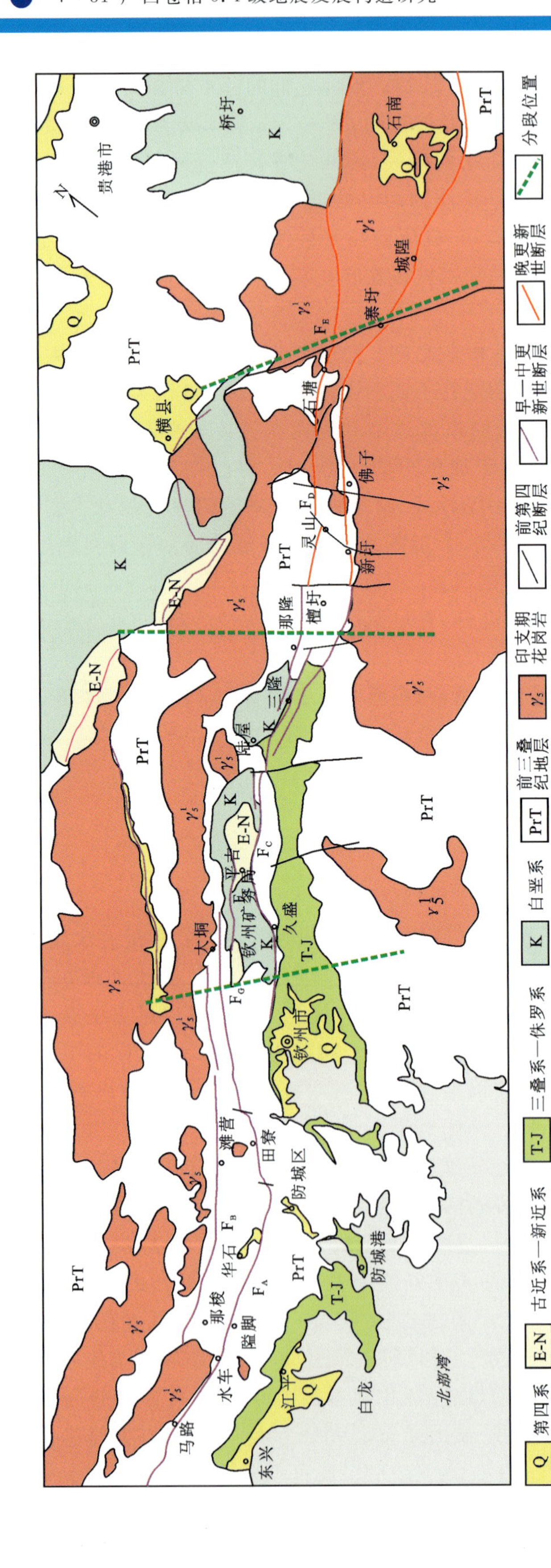

F_A.防城-大垌断层；F_B.那浪-大垌断层；F_C.平吉-陆屋盆地南缘断层；F_D.三隆-石塘断层；F_E.灵山断层；F_F.大垌南断层；F_G.钦州矿务局断层

图 2.3　防城-灵山断裂带活动性分段图

（据周本刚等，2008 修改）

(1)防城—大垌段(南段):为大垌以南的防城-灵山断裂带,其北边界为北西向的百色-合浦断裂带(马杏垣,1989)。该段主要发育在早古生代浅变质砂岩、粉砂岩和泥岩中,主要包括防城-大垌断层(F_A)和那浪-大垌断层(F_B)。该段长约150km。在地貌上,防城-大垌断层和那浪-大垌断层之间为那検侵蚀洼地,该洼地中的地层岩性为二叠纪粉砂岩和泥岩,其抗风化能力较周围的志留纪、泥盆纪浅变质、略有硅化的砂岩、粉砂岩差。断裂带内主要为强烈揉皱变形的硅质粉砂岩、泥岩,一些平直断裂面上的碎裂岩和断层泥已经胶结成岩(图2.4a),构造形迹主要为印支期的挤压揉皱变形,变形程度自北向南减弱。该段地震活动弱,没有3级以上地震发生。该段断裂为早—中更新世断裂。

(2)平吉盆地段(中段):南端是平吉盆地的西南端,北端为陆屋盆地的东北端,包含的主要断裂有平吉盆地南缘断层(F_C)、钦州矿务局断层(F_G)、大垌南断层(F_F),以及三隆-石塘断层(F_D)的西南段,长约60km。平吉盆地南缘断层控制了平吉、陆屋2个晚中生代—新生代沉积盆地的东南边界,地貌上线性特征较为明显,局部地段在山前形成平台地貌(陆屋南),切割侏罗纪地层(图2.4b)和白垩纪地层。钦州矿务局断层和大垌南断层发育在晚中生代—新生代地层中,不仅错断邕宁群(E_2—NY)砂岩、泥岩,也在邕宁群(E_2—NY)中形成紧闭的不对称褶皱,褶皱的东南翼直立甚至倒转。断层物质测年结果显示,该段内的断裂中更新世有过活动,被中更新世晚期—晚更新世地层覆盖,为早—中更新世断裂。

(3)灵山段(中北段):南起那隆,向北东经坛圩、灵山、石塘,止于北西向的寨圩断裂(巴马-博白断裂带中的一条断裂),长约55km。包含的主要断裂有西侧三隆-石塘断层(F_D)和东侧灵山断层(F_E)。西侧三隆-石塘断层西南段发育在白垩纪地层中,其余部分发育在古生代和印支期花岗岩中,大地貌上构成山区和灵山侵蚀洼地的分界,微地貌上没有显示,被晚第四纪以来的坡积物覆盖。断层物质测年结果显示,该断裂在早—中更新世有过活动。东侧灵山断裂南段在地貌上没有明显显示,但有清晰的断面和未成岩的断层泥,在早—中更新世有过活动(图2.4b)。东侧灵山断裂北段(F_{E-2})在罗阳山北麓有清晰的地貌显示,中更新世晚期—晚更新世冲洪积扇上存在断裂槽地、跨断裂水系发生右旋偏转的现象,中更新世洪积扇砂砾石层中发现断裂的迹象。该段发生过3次5级以上的地震,最大地震为1936年6¾级,小地震分布密集。根据李细光等(2017a,b)研究,发生于该段的1936年6¾级地震形成了长12.5km的地表破裂带(图2.5、图2.6),表现为右旋走滑兼正断性质,该段断裂应为全新世活动断裂。考虑到沿三隆-石塘断层和灵山断层南段(F_{E-1})也有成带分布的中小地震,并且其南端有规模大一些的北西向断裂,该北西向断裂以南的中小地震活动较少,因此,把那隆以北至寨圩段统一划分为一个活动段。

(4)寨圩以北段(北段):断裂活动性较灵山段减弱(图2.4d),为早—中更新世断裂,中强地震活动也相对较弱,小地震分布较稀少,因此,将北西向寨圩断裂作为分段界线,以北划分为一个活动段。

2. 合浦-北流断裂带

该断裂带西南起于北部湾海中,总体走向40°～60°,长300余千米。分东、西两束:东束称陆川-岑溪断裂束,多数倾向南东,倾角40°～70°,属硅镁层深断裂;西束称博白-藤县断裂束,容县以北多数倾向南东,容县以南多数倾向北西,倾角70°左右,属硅铝层深断裂。

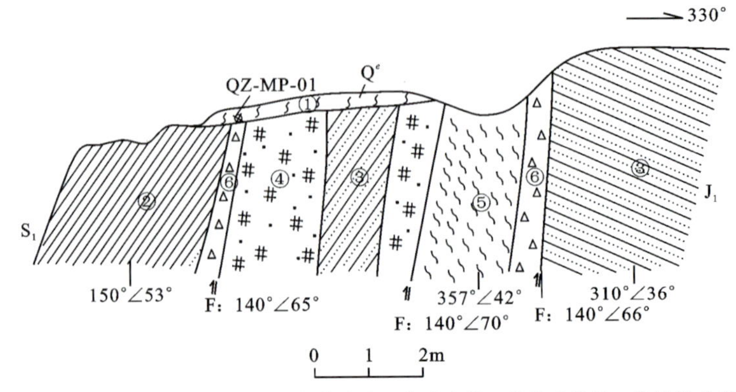

①残积层；②灰色页岩；③紫红色粉砂岩；④破碎带；⑤劈理化带；⑥构造角砾岩

a. 防城-灵山断裂带南段（茅坡村）构造剖面

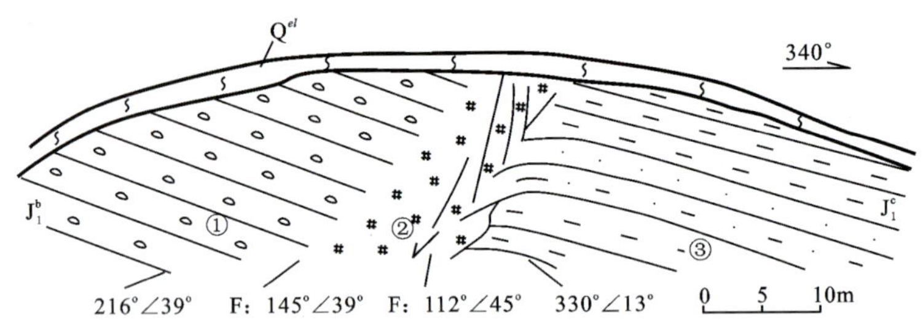

①紫红色厚层砾岩；②碎裂岩带；③紫红色厚层砂岩、泥岩

b. 防城-灵山断裂中段（江东村西600m采石场）构造剖面图

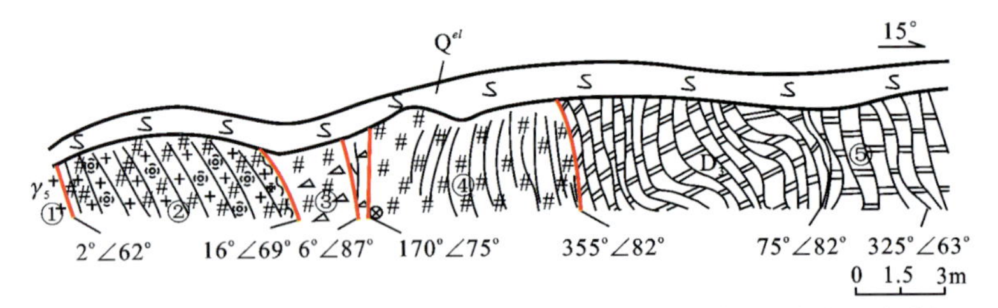

①灰白色花岗岩；②硅化碎裂岩带；③角砾岩带；④碎裂带；⑤灰黑色中层硅质岩

c. 防城-灵山断裂带中北段（白石南东500m）构造剖面图

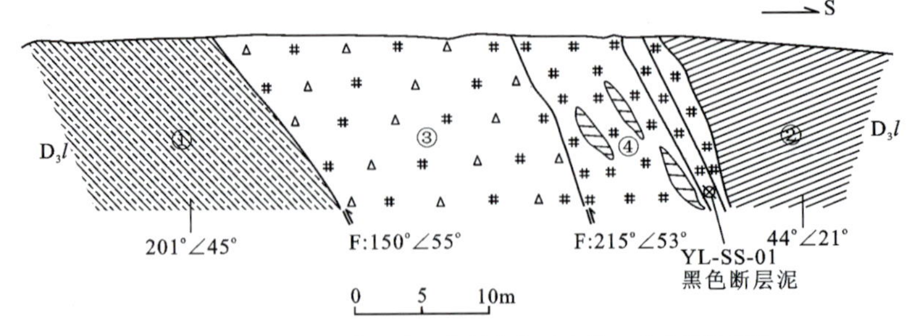

①泥岩；②页岩；③早期角砾岩带；④后期挤压带

d. 防城-灵山断裂带北段（三山村村口）构造剖面图

图 2.4 防城-灵山断裂带各段剖面图

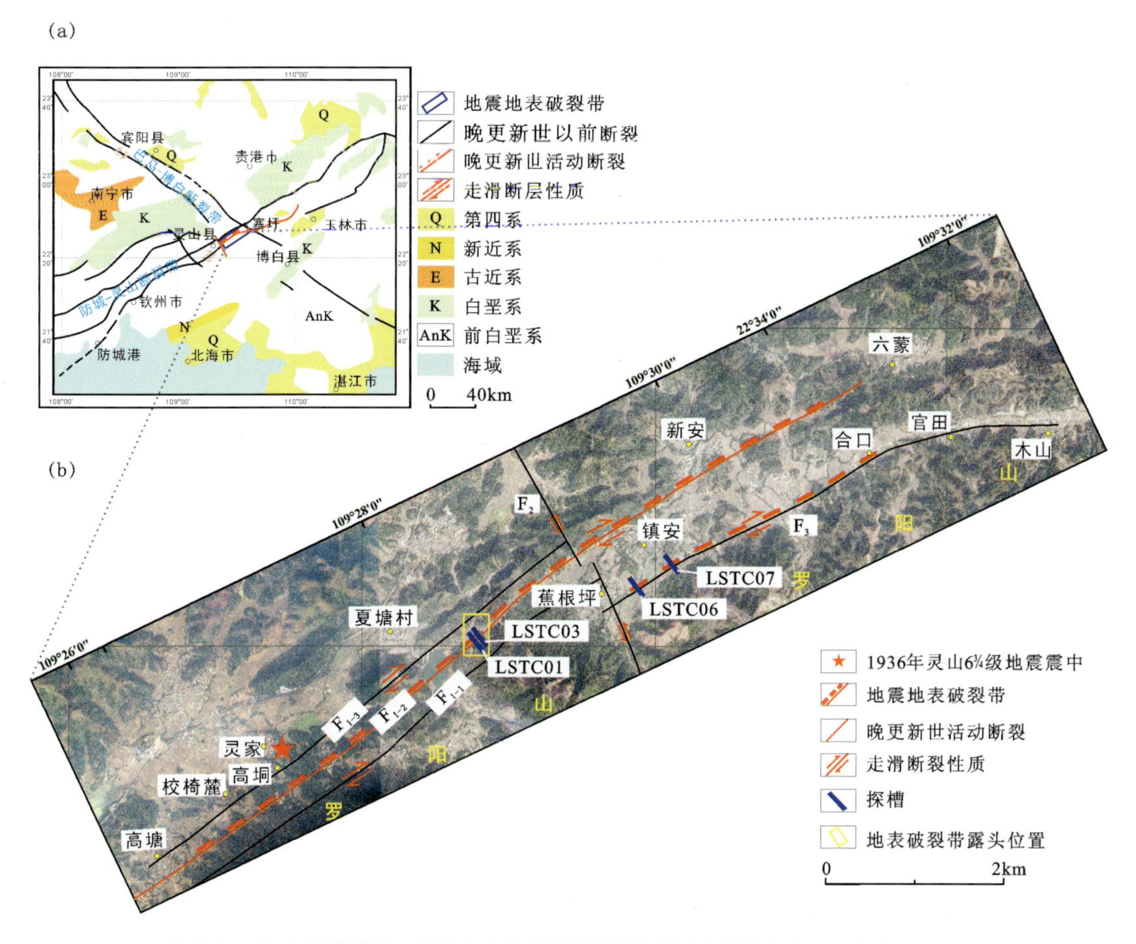

图 2.5　灵山区域构造(a)和灵山地震地表破裂带展布图(b)(据李细光等,2017a)

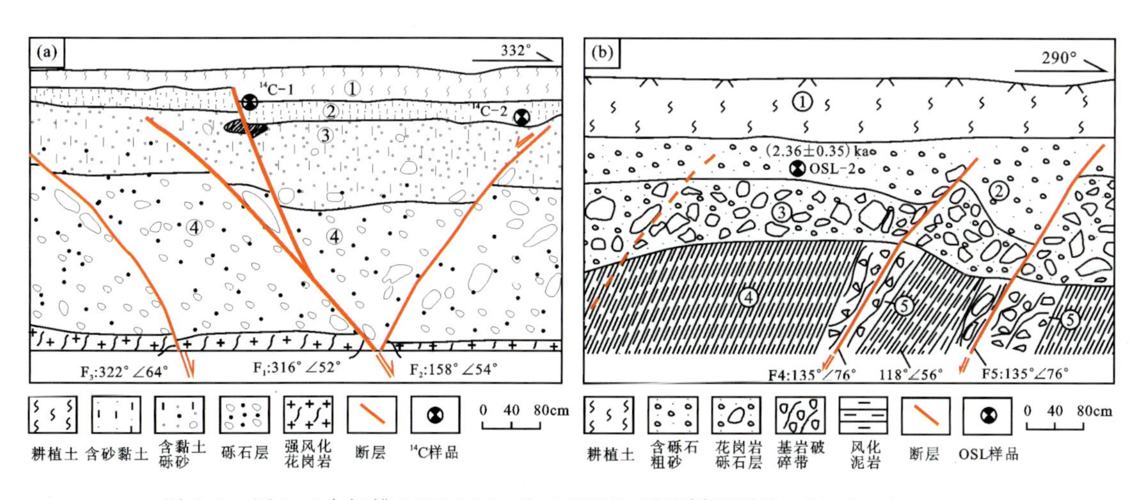

图 2.6　图 2.5 中探槽 LSTC07(a)和 LSTC05 西壁剖面图(b)(据李细光等,2017b)

该断裂带据其活动状况可分为 3 段：容县东北为北段，容县至博白为中段，博白西南为南段。

古新世—始新世，中段活动最强，盆地沉积厚度 1000～1400m，南段、北段厚度仅 300～500m。渐新世和中、上新世，南段活动强，沉积厚度 1600m，中段、北段无沉积。第四纪，据断裂构造地貌发育程度、第四系发育状况及温泉出露状况分析，南段活动较强，中段次之，北段最弱。断裂南段隐伏于合浦盆地边缘，由于断裂活动形成南流江断裂谷，据钻探和浅层地震勘探资料，断裂切错下—中更新统，断距约 20m。据中段、南段断层泥用热释光（thermoluminescence，TL）法和红外释光（ infrared stimulated luminescence，IRSL）法作年代测试的结果，断层泥形成时间为 470～120ka，表明断裂在中更新世有过明显活动。此结果与汪一鹏等（1996）和王明明等（2009）研究的结果一致。据断层物质扫描电子显微镜（scanning electron microscope，SEM）形貌分析，其活动方式以黏滑为主。沿断裂带，历史上共记述 $M_S \geqslant 4.7$ 的地震 4 次，最大震级5.3 级。

3. 巴马-博白断裂带

该断裂带东南始于广东茂名一带，往西北经广西博白、横县、昆仑关、大化、巴马，而后进入贵州省内，总体走向 310°～330°，全长达 800 多千米。倾向以北东为主，倾角 40°～85°，属硅镁层断裂。断裂带切割寒武纪至新近纪地层。断裂破碎带宽数米至百余米，带内角砾岩、糜棱岩、硅化构造透镜体、强烈挤压揉皱带等构造现象发育。沿断裂带燕山晚期小岩体和岩脉分布。断裂带最早形成于海西期构造旋回，印支期强烈活动，表现出右旋剪切-挤压性质。

断裂带在新生代以来和第四纪时期具强烈的活动性，并表现为左旋剪切-挤压力学性质。根据断裂带几何形态、内部结构以及断裂活动性方面的差异，大致以马山、横县、寨圩、博白为界将断裂分为巴马—马山段、马山—横县段、横县—寨圩段和博白—茂名段。

（1）巴马—马山段：沿断裂线状负地形地貌明显，沿断裂断层三角面、断层崖发育，对红水河干流和支流水系有明显的控制作用，在下屯附近，红水河被该断裂左旋错移，在下岜，红水河支流水系在过断裂处急转弯。沿断裂带冲沟、冲槽以及山前冲洪积扇体多被左旋错移。在上龙街等地，断裂带上有温泉出露。在山脚村，断层泥铀系测年数据为 280ka。在板里西南，断层物质 TL 法测试年龄为 190ka，表明断裂在中更新世中期有过明显活动。在岜仆、上龙街、刁旺及大当等地，未见红水河Ⅱ级阶地有被错断迹象，说明该段断裂晚更新世以来不活动，为早第四纪断裂。

（2）马山—横县段：在横县至马山南一带，沿断裂发育有中、新生代盆地，并控制宾阳第四纪盆地的西部边界。在横县芦村至宾阳高田一带，寒武系逆冲到古近系—新近系之上，同时左旋错断燕山晚期花岗岩体达 4000m 左右。在渌良，断层泥的 SEM 形貌分析结果表明，断裂在中更新世有过活动，其运动方式以黏滑为主。综上认为，该段断裂为早第四纪断裂。

（3）横县—寨圩段：据潘建雄和黄日恒（1995）的研究成果，该段断裂主要由西侧的友僚-蕉根坪断裂（也称友僚-永安断裂）和东侧的六答-六银断裂组成。在友僚-蕉根坪断裂上有窗棂脊构造出现，具体地点在六吉至蕉根坪约 5km 地段内。该段走向 320°～330°，沿带可见 10m 至数十米宽的构造角砾岩与挤压破碎带，断裂带沿线错断了地质体、断裂、成排的山脊线与沟谷。

地质体与断裂的位错。在六吉地区，北东向的钦州-大安断裂左旋位移295m，断裂的西北段为仁和—旺淡坪地区，属第四纪沉积盆地，其上为全新统覆盖，其下为含冲积砾石层。第四系下基底为上石炭统灰岩。六吉南、北两侧第四系分布随着友僚-蕉根坪断裂和钦州-大安断裂的走向呈近直角转弯。这意味着第四纪期间，友僚-蕉根坪断裂也使盆地发生了左旋错动。在大化至新园发育的北东东向断裂在友兰塘南被友僚-蕉根坪断裂左旋位错200m。

山脊线的位错。自蕉根坪至大龙山第四纪冲积—洪积盆地西北缘起，自东南至西北，北东东走向的三排山脊线在友僚-蕉根坪断裂通过处均被左旋位错，编号分别为$A—A'$、$B—B'$、$C—C'$的山脊线，其位移量分别为140m、170m、190m。在北部还见另一排山脊线($D—D'$)位错了230m。

沟谷或槽地位错。在$C—C'$和$D—D'$之间，发育着多条北东东—近东西向的沟谷或槽地，经过对这些沟谷或槽地的形态、方位、宽窄及延伸长度等综合判断和对比，发现它们属于同一条沟谷或槽地。由于友僚-蕉根坪断裂的左旋平移运动，4条沟谷或槽地发生了同步位移，每条沟谷南缘与北缘的位移自南向北分别为80m、100m、110m、80m和210m、240m、270m、260m。一般认为，微地貌的形成时间为上万年至数万年，因此其位错变形可以反映出晚更新世以来构造的活动程度。这些断层物质用TL法测试，年龄为100ka。在睦象佛子圩断裂，断层物质TL法测试年龄为130ka。综合判断，该段断裂在晚更新世有活动。

(4)博白—茂名段：沿断裂线状负地形地貌发育明显，断层三角面发育，对现代水系有一定的控制作用。在彭村附近断裂切错花岗岩体，成为早更新世地层与岩体的分界线，左旋错断米场断裂；在谢鲁至良塘一带，断裂成为中丘(300～450m)与低丘、谷地(100～200m)的分界线；在双凤大元肚，断裂右旋错移了山前的多个山嘴和河流Ⅲ级阶地，同时也造成了山前冲沟的同步拐弯。综上所述，该段断裂的主要活动时代为早第四纪。

综上所述，该断裂带除横县—寨圩段为晚更新世活动断裂外，其余3段均为早第四纪断裂。

沿断裂带历史上共记述$M_S \geqslant 4\frac{3}{4}$的地震12次，其中$M_S \geqslant 6.0$的地震4次。

4. 廉江-信宜断裂带

该断裂带东北起自广东信宜西北安莪附近，向西南经六明、高坡、木头塘、宝圩、那水、新圩、长湾河水库、红阳农场、低村、安堡、廉江、新民圩，止于横山镇一带，长约183km(广西壮族自治区地质局，1967；广东省地质局，1965)。该断裂带大致以那水第四纪小型盆地为界，分成北东和南西两段。

北东段称安莪—那水段，主要由单条断裂构成。断裂主要发育在加里东期混合岩与混合花岗岩中，有的区段构成二者之间的界线，只有那水小型盆地以东，断裂构成泥盆系与白垩系之间的界线。断裂走向北北东，倾向北西，为正断性质。

南西段称新圩—横山段，大致以红阳农场为界，将其分成两小段。北小段称新圩-红阳农场小段，主要有两条断裂，它们构成寒武系与泥盆系之间的界线，另在泥盆系内部也有同方向的断裂。断裂走向20°～40°，倾向南东或北西，最新活动性质以右旋走滑为主。南小段称红阳农场-横山小段，其主断裂位于廉江东南，它构成寒武系与泥盆系之间的界线。主断裂西北侧泥盆系中还有两条北东走向的断裂，它们构成泥盆系桂头群下亚群与上亚群之间的界线。断裂走向 50°～70°，倾向北西，最新活动性质也以右旋走滑为主。

断裂带在地貌上有较清楚的显示。北东段那水小型盆地两侧的低山海拔 80～130m，而盆地面海拔 30m 左右，西南段低山山脊、谷地的走向与断裂走向基本相同。断裂带在卫星影像上有较清楚的显示。横山镇西南，地貌上为九洲江冲积平原，九洲江的流向为北东向，廉江-信宜断裂带过横山镇后地貌上已不清楚，但不排除仍有延伸。

前人研究认为，该断裂带形成于加里东期，此后有多次活动，新生代也有明显活动，控制了第四纪小型盆地和谷地的发育，沿断裂带有温泉分布（广东省地质局，1965）。断层泥 SEM 石英形貌分析表明，断裂带在上新世和早更新世有过明显活动（广东省地震局，1982）。之后的调查表明（中国地震局地质研究所等，2013），断裂切割的地层虽然都是古生界，但断裂之上的覆盖层均为晚更新世残积层。根据合浦-北流断裂带上残积层中两个电子自旋共振（electron spin resonance，ESR）年龄样品的测试结果，它们的堆积时代为（23±3.5）～（21±2.3）ka，至少反映在上述年龄以来，断裂停止活动。在廉江城西南沙井附近剖面中，见到沿断面发育较好的断层泥，颗粒极细、新鲜，经 ESR 测定，其年龄为（348±49）ka。并且自该点向南，沿断裂带线性影像十分清晰平直，表现为线性展布的低丘与平原的分界，据此推断该断裂的活动时代可到中更新世中—晚期。该断裂带前第四纪主要显示逆断性质，但廉江城西南沙井附近剖面显示沿最新活动断面皆为发育较清楚的具右旋性质的近水平擦痕，反映断裂的最新活动性质是以右旋水平走滑为主，兼有逆断或正断性质。

综上所述，该断裂带北东段最新活动时代为早第四纪，活动性质为正断；南西段最新活动时代为中更新世中—晚期，活动性质是以右旋水平走滑为主，兼有逆断或正断的性质。

沿断裂带曾发生 $M_S \geqslant 4\frac{3}{4}$ 的地震 6 次，最大震级为 6 级。

5. 四会-吴川断裂带

该断裂带南起自吴川附近，推测往南可能到南三岛和东海岛的东缘，从吴川向北延经阳春、云浮、四会直至英德以北，总体走向 30°～45°，长度大于 350km，是一条规模较大的断裂带。该断裂带自云浮向南分为两支。东支以倾向南东为主，倾角 60°～80°；西支主要倾向北西，倾角 50°～80°，两者均为逆断层性质，往往形成对冲结构。断裂带形成于早古生代，后经多期构造运动，沿断裂带动力热变质十分发育，形成宽数千米至近 20km 的挤压破碎带和混合岩化带，并有多期岩浆活动。断裂带第四纪有明显活动，沿断裂带地貌反差显著，发育断崖、断层三角面，断裂带两侧见有跌水和瀑布。漠阳江严格受断裂控制形成谷地，羚羊峡形成也与断裂活动有关。据断裂带东、西两支较大断裂的年代学研究，该断裂带最晚活动发生在中更新世晚期（中国地震局地质研究所等，2012）。综上所述，该断裂带为早第四纪断裂。沿断裂发生过 1445 年四会 $4\frac{3}{4}$ 级地震和 1605 年 $6\frac{1}{2}$ 级地震。

6. 西江断裂带

西江断裂带由两支断裂组成。西南支称西江断裂，西北起自高要县的牛�山，沿西江向东南经高鹤、江门、斗门，然后从磨刀门延入南海中，全长约 130km，总体走向 310°～330°，倾向北东，倾角大于 70°。东北支称白泥-沙湾断裂，西北起自花县的白泥，往东南经南海县的官窑、陈村至番禺的沙湾，全长约 70km，再往东南可能延入珠江口，断裂总体走向 320°～330°，倾向南西，倾角大于 50°。西江断裂带的西北为四会-吴川断裂带所截，在高鹤和广州它又截切从化-广州-阳江断裂带。

断裂带可能形成于燕山晚期。挤压破碎带宽 5～20m，主要表现为硅化角砾岩带和硅化岩带，挤压劈理和挤压片理也发育。

断裂在第三纪（古近纪＋新近纪）和第四纪有明显的活动，并表现出左旋走滑性质。它作为三水盆地的边界断裂，控制三水第三纪盆地和西江第四纪河谷盆地发育，盆地地貌与外围地貌反差大。由于断裂活动，盆地广泛接受第三系和第四系沉积，并使珠江三角洲地块向西倾斜，第四系厚度由东向西增大。在三水县河口和高鹤县三洲附近，沿西江分别形成两个轴向为北西向的、狭长的第四系沉降中心，第四系厚度达 45～70m。河道也由东向西迁移，断裂两侧阶地发育不对称。据广东工程防震研究院安全性评价报告，在西江断裂上取构造岩做 TL 年代测试，其年龄：南段为 23.4ka，中段为 85.6ka，北段为 44.2ka；在白泥-沙湾断裂上取构造岩做 TL 年代测试，其年龄分别为 71.3ka、56.6ka 和 54ka。这些年龄结果表明西江断裂带在晚更新世有明显活动。

历史上在该断裂带内发生 $M_S \geqslant 4.7$ 的地震 5 次，最大震级为 5 级。

7. 渔涝-金装断裂带

该断裂带大致呈北北东—北东走向，大致经过金装圩、南丰镇和渔涝等地，由两支断裂组成，全长约 85km。

在金装—金楼—南丰一带，两支断裂之间形成带状盆地，东、西两支断裂分别控制了盆地的东边界和西边界。其中东支为蔡村断裂，长安至尚礼一线，发育 13 条支流，左旋的支流总和占总支流数的 77%。西支为花塘断裂，在花塘东南 2km，断裂露头宽约 100m，发育在白垩系紫红色砂岩、粉砂岩中，由多条断层组成，露头内可见透镜体、劈理等发育。其中一条断层断面倾向北西，断面两侧发育有拖曳构造、张节理和剪节理等现象，可判断该断层为正断性质，断层内部已经固结成岩并呈片理化产出。断面上还有一层厚约 1cm 的褐黄色铁质物质。张节理内填充的泥质物质已固结。1558 年封开封川 5½ 级地震震中位于该断裂带的南端。

综合以上现象，该断裂带应在早第四纪有过活动。

8. 富川-钟山断裂带

该断裂走向大致为南北向，北起湘桂边部的富川县小田，向南经古城、龟石、钟山县望高至贺县沙田以南，全长大于 120km。北部沿富川复式向斜展布，由一系列平行断层组成宽数千米至 10km 的断裂带，向南变为一条。断面倾向变化较大，大部分为倾向西的逆断层，部分为倾向东的正断层，使石炭系逆冲于侏罗系之上。它与印支期褶皱关系密切，表明断裂在印支运动时出现。燕山亚旋回控制富川县小田、贺县西湾等早侏罗世含煤盆地的分布，后期断裂复活切过盆地。在西湾以西，断裂被古近系—新近系覆盖。据以上特点将其划属大断裂带。该断裂带对局部地形有控制作用，在局部地方形成近南北向的谷地，如在富川一带。综合判断，该断裂带在早第四纪有过活动。

9. 栗木-马江断裂带

栗木-马江断裂带是区域内最显著的一条南北向断裂带，它北起恭城县栗木，经昭平县走马，至马江南，全长 200km。断裂带总体走向南北，北段和南段倾向西，中段倾向东，倾角在 30°～80°之间。断裂为逆掩-逆冲断层，个别伴生断裂为倾向相反的正断层。断裂在布格重力异常图上有一定的显示，在航磁异常图上没有显示。

断裂带形成于印支期，切割寒武系到侏罗系，断距可达千米，断层破碎带宽可达十余米，带内角砾岩化、硅化、黄铁矿化常见，总体表现出北强南弱的活动强度分异现象。

断裂带在新生代以来有活动，在卫星照片上断裂影像清晰可辨，断层崖、断层三角面发育。沿断裂还发育与断裂走向平行的河谷盆地，与两侧地形反差很大，沿断裂还有温泉出露。与其新生代前活动一样，断裂活动同样表现出北强南弱的特点，但地震活动却表现出北弱南强的特征。

历史上，沿断裂曾发生 $4\frac{3}{4}$～5 级地震 4 次，全部发生在断裂的中段和南段。综合地质地貌判断，该断裂带应在早第四纪有过活动。

10. 荔浦-平乐断裂带

荔浦-平乐断裂带全长约 100km，由两条平行的断裂组成，总体走向 65°左右。断裂带的北支倾向南东，南支倾向北西，倾角均在 30°～40°之间。断裂带在新生代仍有活动，在卫星照片上清晰；地貌上沿断裂形成狭长的谷地，断层崖、断层三角面发育，在中部还发育有荔浦第四纪盆地。断裂还对河流的发育有控制作用，形成反常的地貌现象。从第四系地貌特征看，该断裂带新构造期运动方式以逆断为主。沿断裂带，地震活动较弱。综上所述，判断该断裂带在早第四纪仍有活动。

综上所述，结合区域其他断裂特征，将涉及研究区的断裂带活动特征总结于表 2.1 中。

表 2.1　区域主要断裂带活动特征一览表

<table>
<tr><th>编号</th><th>名称</th><th>全长/km</th><th>走向</th><th>分段</th><th>第四纪活动性质</th><th>最新活动时代</th></tr>
<tr><td rowspan="4">F_1</td><td rowspan="4">防城-灵山断裂带</td><td rowspan="4">350</td><td rowspan="4">北东</td><td>南段（防城-大垌段）</td><td rowspan="4">右旋走滑</td><td rowspan="2">Qp_{1-2}</td></tr>
<tr><td>中段（平吉盆地段）</td></tr>
<tr><td>中北段（灵山段）</td><td>Qh</td></tr>
<tr><td>北段（寨圩以北段）</td><td>Qp_{1-2}</td></tr>
<tr><td rowspan="3">F_2</td><td rowspan="3">合浦-北流断裂带</td><td rowspan="3">>300</td><td rowspan="3">北东</td><td>北段（博白以北段）</td><td>正断</td><td rowspan="3">Qp_{1-2}</td></tr>
<tr><td>中段（博白—合浦段）</td><td>逆断</td></tr>
<tr><td>南段（合浦盆地段）</td><td>正断</td></tr>
<tr><td rowspan="4">F_3</td><td rowspan="4">巴马-博白断裂带</td><td rowspan="4">>800</td><td rowspan="4">北西</td><td>巴马—马山段</td><td rowspan="4">左旋剪切—挤压</td><td rowspan="2">Qp_{1-2}</td></tr>
<tr><td>马山—横县段</td></tr>
<tr><td>横县—寨圩段</td><td>Qp_3</td></tr>
<tr><td>博白—茂名段</td><td>Qp_{1-2}</td></tr>
</table>

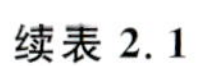

续表 2.1

编号	名称	全长/km	走向	分段	第四纪活动性质	最新活动时代
F_4	廉江-信宜断裂带	183	北北东	北东段	正断	Qp_{1-2}
			北东	南西段	右旋走滑	
F_5	四会-吴川断裂带	>350	北东		逆断	Qp_{1-2}
F_6	苍城-海陵断裂带	200	北东		逆断	Qp_{1-2}
F_7	西江断裂带	130	北西	东北支(白泥-沙湾断裂)	左旋走滑	Qp_3
				西南支(西江断裂)		
F_8	广从断裂带	100	北东		正断	Qp_3
F_9	怀集-阳山断裂带	700	北东		逆断	Qp_{1-2}
F_{10}	怀集-连县断裂带	220	南北		逆断	Qp_{1-2}
F_{11}	渔涝-金装断裂带	85	北东—北北东		正断-左旋走滑	Qp_{1-2}
F_{12}	贺街-夏郢断裂带	110	北东	北段	逆断/逆走滑	Qp_{1-2}
				中段	正断	
				南段	逆断	AnQ
F_{13}	富川-钟山断裂带	>120	南北		正断或逆断	Qp_{1-2}
F_{14}	栗木-马江断裂带	200	近南北	北段	逆掩-逆冲	Qp_{1-2}
				中段		
				南段		
F_{15}	荔浦-平乐断裂带	100	北东		逆断	Qp_{1-2}
F_{16}	宾阳-大黎断裂带	200	北东		逆断	Qp_{1-2}
F_{17}	永福-武宣断裂带	200	近南北	北段	正断	Qp_{1-2}
				南段	逆断	
F_{18}	桂林-南宁断裂带	650	北东	东北段(来宾东北)	逆断-右旋走滑	Qp_{1-2}
				中段(来宾—崇左)		
				西南段(崇左西南)		
F_{19}	河池-宜州断裂带	60	北西	北段(南丹段)	逆断	Qp_{1-2}
		60	北西	西段(河池段)	走滑兼逆断	
		90	近东西	中段(宜州段)	走滑兼正断	
		90	近东西	东段(柳城—英山段)	走滑兼逆断	

续表 2.1

编号	名称	全长/km	走向	分段	第四纪活动性质	最新活动时代
F_{20}	三江-融安断裂带	240	北北东		左旋逆断	Qp_{1-2}
F_{21}	永福-溆浦断裂带	300	北北东	北段(溆浦-五团断裂)	逆断	Qp_{1-2}
		80		南段(永福-龙胜断裂)		AnQ
F_{22}	资源-娄底断裂带	600	北东	东北段	逆走滑	Qp_{1-2}
				西南段	正断	
F_{23}	海洋山断裂带	＞160	北西—北东		逆断	Qp_{1-2}
F_{24}	灌阳-衡阳断裂带	600	北东		逆断	Qp_{1-2}
F_{25}	宁远-江华断裂带	＞180	北北东—北东		逆断	Qp_{1-2}

第四节　震中区附近主要断裂活动性鉴定

震中区附近经历漫长地质历史时期的各种构造作用后，形成3组不同方向的断裂(图1.2)。其一是北北东—北东向断裂，其二为北北西—北西向断裂，其三为近南北向断裂。由于沙头-夏郢断裂和独山-七星岭断裂是通过震中区贺街-夏郢断裂带的主要断裂，它们对震中区地震孕育影响重大，将在后续章节中对此进行重点研究和分析。下面对震中区附近其他主要断裂活动特征描述如下。

1. 里松-公会断裂

该断裂从香田寨往南，经新路街、黄田至沙田街，长约42km。呈北东走向，断面倾向南东，倾角85°。断裂切割泥盆系、石炭系、中生代侵入岩及后期岩脉，表明它在燕山期曾有强烈的活动，新构造运动以来仍有活动，表现为正断性质。

在卫星影像上，里松、新路、沙田东、公会南有一条北东走向的、清晰的线性构造斜贯全区，在贺县八步西南该线性构造以断裂的形式出露于地表，在清面村南300m处、马尾河东岸见有断层破碎带，灰岩破碎，松散胶结，劈理发育。

在新路街一废弃采石场，断裂发育宽6m(图2.7)，断层上盘为大理岩，下盘为花岗岩体。断裂内破碎带、角砾岩及断层泥发育，经历多期次活动，其中褐铁矿形成于前第四纪，后期断裂再次活动形成松散断层泥，取它做TL测试，其(样品HZ－LS－01)年龄为(152.25±16.75)ka。断层面内镜面发育，断面上由褐铁矿及高岭土组成，其上有擦痕及阶步，指示断裂具正断性质。

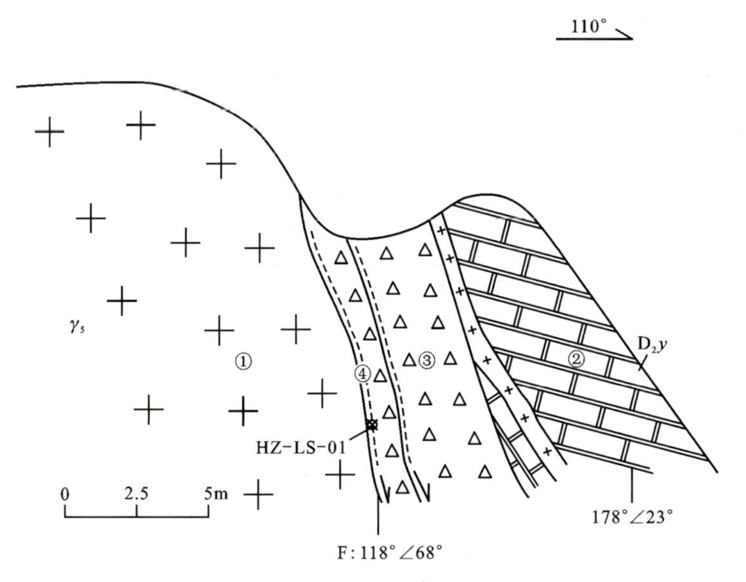

①花岗岩；②大理岩；③构造角砾岩；④断层泥

图 2.7　里松-公会断裂(新路街)构造剖面图

断层线状负地形地貌明显，在里松一带呈明显平直的沟谷；断裂在新村附近控制马尾河流向，贺江流经断裂时转弯并控制沙田至三加村一带的贺江支流；沿断裂带角状水系发育；在八步—沙田一带，控制第四纪河谷平原的东北边界；在新村马尾河对岸，山嘴、山前冲沟、冲槽被断裂错移；里松一带沿断裂有温泉出露。据综合地质与地貌现象判断，断裂在早第四纪有过活动。

2. 凉亭顶-雅珠顶断裂

该断裂位于震中区西部，为一条近北北西向大断裂。它南起于雅珠顶，经过洞冲、辉洞、要波村、石墨村、张村一带，全长约 50km。主断面倾向南西，倾角 45°～65°。它切割寒武系、泥盆系。综合表现为逆断层。

在要波村一带，断层破碎带宽 150 余米(图 2.8)，带内有角砾岩发育。早期角砾岩被白色方解石胶结紧密，角砾岩研磨极为细小，为(2～3)mm×(2～3)mm。断层角砾岩被后期肉红色方解石脉穿插，局部地段断面上擦痕及阶步发育，具逆断挤压性质，取其晚期红色方解石(样品 HZ－YBC－01)做 TL 测年，年龄为(1 051.39±210.28)ka。

在蓝屋南 200m 处可见破碎带宽约 20m(图 2.9)，发育在寒武系粉砂岩与泥盆系砂岩之间，寒武系逆冲至泥盆系之上，破碎带内部压性角砾岩、碎裂岩发育(图 2.10、图 2.11)，黄褐色—红褐色泥质胶结，断层物质均已固结，破碎带东侧边部为劈理化带(图 2.11)，最新一期活动断面上有擦痕、阶步发育，指示正断性质。向南观察断裂通过山间 V 型谷地。

断层在董洞一带为山地与第四纪河流冲积平原的分界，线状地貌明显；沿断裂有断层三角面发育，但未见河流地貌有明显错动。综合上述地质地貌特征判断，断裂在早第四纪有过活动。

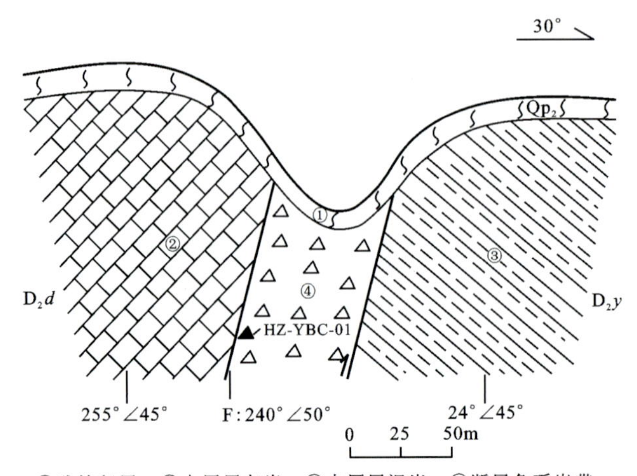

①残坡积层；②中厚层灰岩；③中厚层泥岩；④断层角砾岩带

图 2.8 凉亭顶-雅珠顶断裂(要波村口)构造剖面图

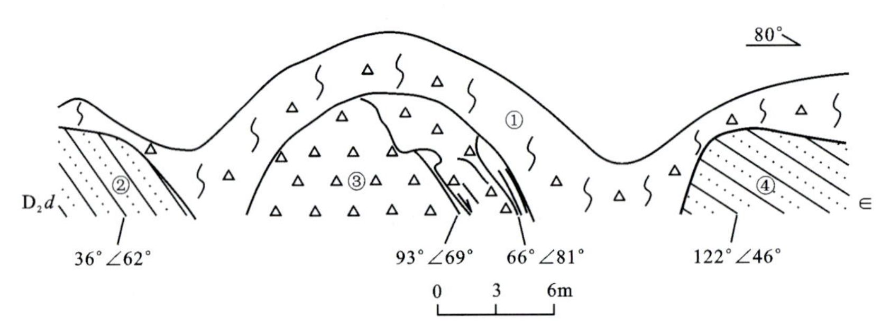

①黄褐色含碎石黏土；②紫红色中厚层砂岩；③构造角砾岩；④灰绿色粉砂岩

图 2.9 凉亭顶-雅珠顶断裂(蓝屋南 200m)构造剖面图

图 2.10 凉亭顶-雅珠顶断裂破碎带宏观出露情况(镜向北)

图 2.11 凉亭顶-雅珠顶断裂断层角砾岩出露情况(镜向北)

3. 百马村-石羊电断裂

该断裂位于近区域西南部，在石羊电一带走向北西，到鸟居庙一带转成近南北向，整体呈弯弓状。断裂全长约 43km，倾向南西西，局部倾向北北东，倾角 45°～75°。它切割寒武系、泥盆系，在安宝山一带为泥盆系与寒武系分界线，综合表现为正断层。

在公会村口的公路边可见一系列断裂发育(图 2.12)，发育宽数十米的构造角砾岩及构造劈理化带，断裂带内褶皱发育。断层角砾岩主要由铁质及钙质胶结，取样品 HZ－GH－01，其 TL 法年龄为(477±57)ka。断面上擦痕、阶步发育，指示断裂具正断性质。

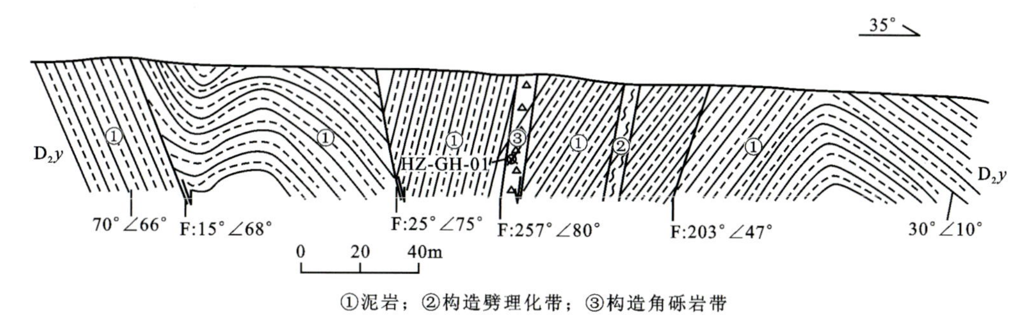

图 2.12　百马村-石羊电断裂(公会村口的公路边)构造剖面图

在唐屋附近可见两条近平行的次级断裂发育于中厚层泥岩之中，断裂发育宽度分别为 50cm 和 30cm，断裂内角砾岩及劈理发育。断裂上部覆盖一层厚约 50cm 残积黏土，断裂对其无错移作用(图 2.13)。

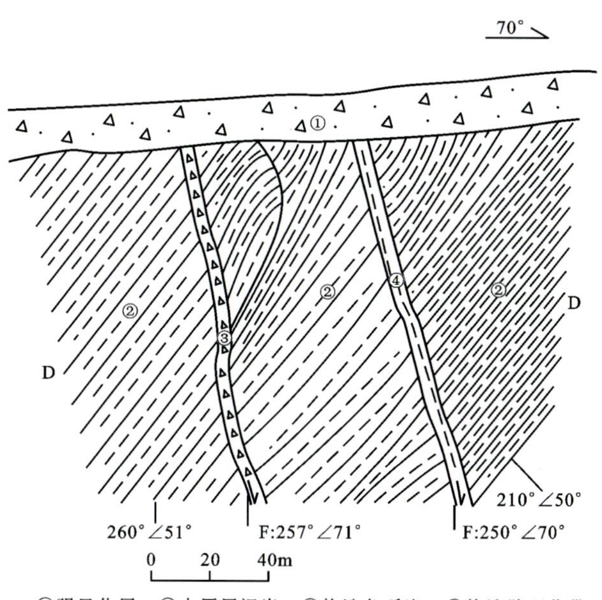

图 2.13　百马村-石羊电断裂(唐屋处)构造剖面图

在大载南西800m可见该断裂发育在泥盆系砂岩中，破碎带宽约27m，内部发育断面和透镜体(图2.14、图2.15)。断面产状多变，局部可见擦痕，指示逆断兼右行性质(图2.16)。透镜体局部发育，带宽3m左右，透镜体大小8cm×3cm左右。本露头发育在山体边坡中部，山体边坡沿断裂发育冲沟，山脚发育流向与断裂垂直的河流，未见它有错动迹象。

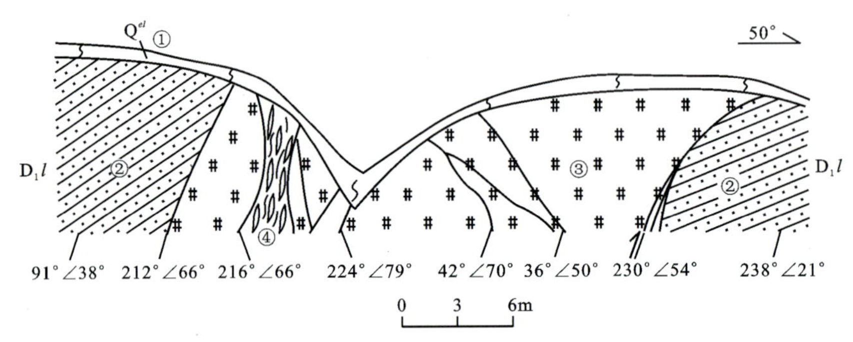

①残积层；②黄色薄层砂岩；③构造碎裂岩；④透镜体化带

图2.14　百马村-石羊电断裂(大载南西800m)构造剖面图

图2.15　百马村-石羊电断裂野外出露情况
(镜向北西)

图2.16　百马村-石羊电断裂断面发育情况
(镜向北西西)

断裂对经过的现代地貌、水系控制较明显。综合上述情况，该断裂在早第四纪有过活动。

4. 望高-枫木山断裂

该断裂为一条纵贯全区的近南北向大断裂。它南起于枫木山以南，往北经沙田、西湾至望高，分成两支向北延伸至区外。断裂在西湾以北呈北北西向，西湾以南呈南北向，主断面倾向西，倾角30°～70°。它切割寒武系、泥盆系、石炭系及侏罗系，垂直断距约1000m，综合表现为逆断层。

断层破碎带宽20余米，带内角砾岩发育，早期角砾岩铁质紧密胶结，角砾大小不等，棱角明显，其中发育一组“X”形共轭剪节理，将角砾岩分割成棱块状，并有方解石脉贯入，方解石又呈劈理化、角砾岩化；晚期角砾岩发育于早期破碎带之中，是在早期角砾岩基础上发育起来的，宽2～3m，角砾大小不等，泥质松散胶结，可见厚10～20cm的断层泥（图2.17）。从早期错断的地层和晚期断面上发育的擦痕与阶步看，早期断层为由西向东逆冲，晚期为由东向西逆冲，兼有左行走滑分量。

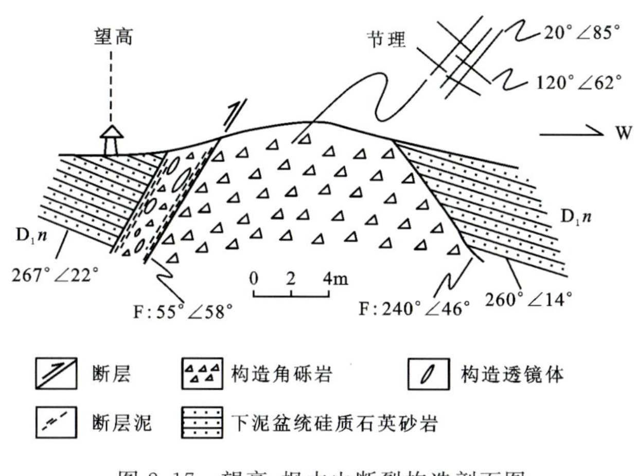

图2.17　望高-枫木山断裂构造剖面图

在平桂矿务局东2km公路边可见石炭系泥岩逆冲于侏罗系石英砂岩之上，后期断层穿过早期断裂（图2.18），主断层宽约20cm，其内断层角砾岩及断层泥发育，取样品HZ-PG-01进行TL法测年，结果为（125.77±13.83）ka。断层两盘石英脉被断错，断距约50cm，呈逆断性质。

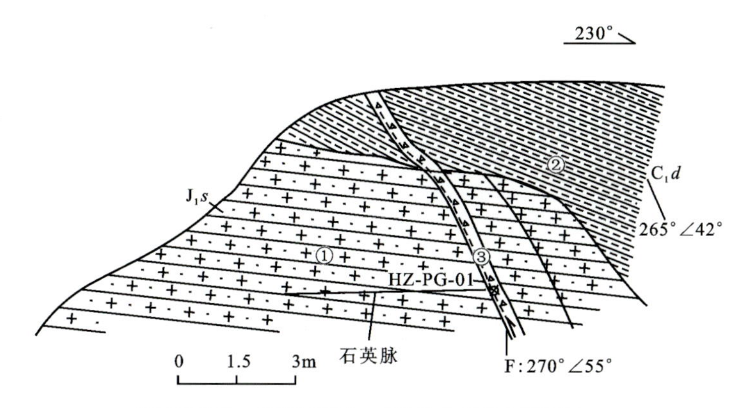

2.18　望高-枫木山断裂（平桂矿务局西2km公路边）构造剖面图

在南庙西南100m见该断裂出露，破碎带宽约6m，强烈劈理化带宽约2m，其余部分为碎裂岩带（图2.19、图2.20），断面上有近水平擦痕和阶步发育（图2.21），指示左旋走滑。

断裂在沙田一带，为山地与第四纪河流冲积平原的分界，线状地貌明显；沿断裂有断层三角面发育。综上所述，该断裂在早第四纪有过活动。

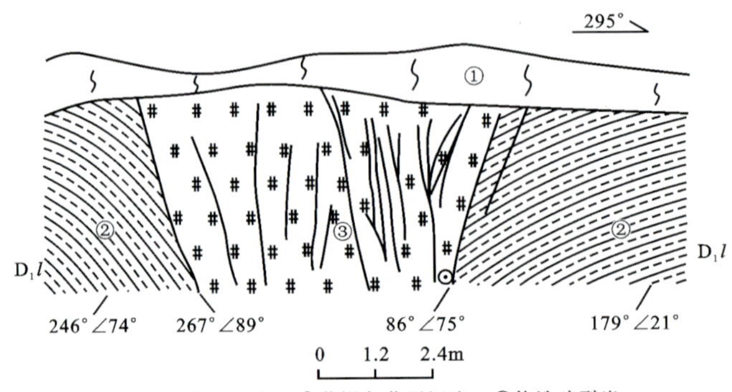

图 2.19　望高-枫木山断裂(南庙南西 100m)构造剖面图

图 2.20　望高-枫木山断裂破碎带宏观出露情况

图 2.21　望高-枫木山断裂断面上擦痕、阶步出露情况

5. 大桂顶断裂

该断裂走向北西，倾向北东，具右旋走滑性质，全长约 11km，通过枯木口、哈婆等地(图 2.22)。

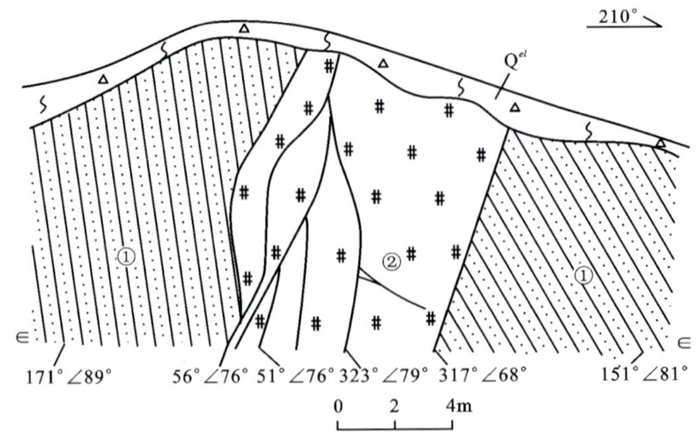

图 2.22　大桂顶断裂(铜锅冲南西 2km)构造剖面图

在铜锅冲南西 2km 见该断裂出露(图 2.23),破碎带宽约 7m,主断面附近发育宽约 60cm 的黄褐色断层物质(图 2.24),夹石英、云母等,破碎带边部发育厚约 5cm 的灰黄色断层泥,已固结。北西向断面为较新一期活动断面,擦痕指示右旋走滑;北东向断面为早期活动断面,显示左行性质。断面均切入上覆黄褐色残积黏土中。断裂露头发育在山脊线附近,负地形不发育,为前第四纪断裂。

图 2.23　大桂顶断裂断面宏观出露情况
(镜向南东)

图 2.24　大桂顶断裂断层物质细节
(俯视)

6. 石下断裂

该断裂走向北西,倾向北东,具左旋走滑性质,长约 2.5km(图 2.25)。

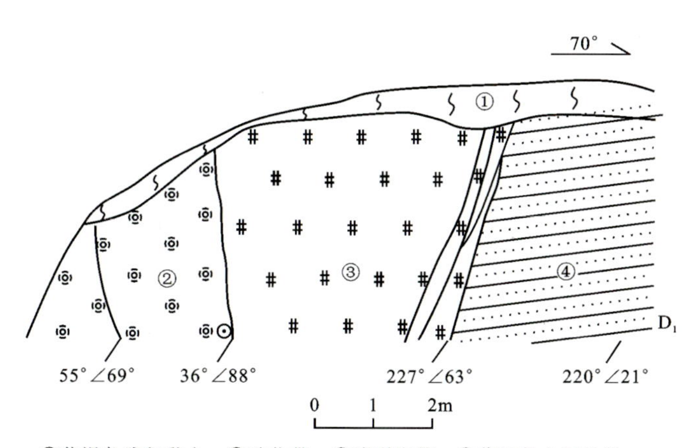

图 2.25　石下断裂(石下北 700m)构造剖面图

在石下北 700m 处见该断裂出露(图 2.26)。破碎带宽约 6m,左侧为灰白色硅化带,右侧为劈理化碎裂岩带,早期为右旋走滑,晚期断面呈灰白色,具左旋走滑(图 2.27)。向南西观察,断裂通过山间鞍部,为早第四纪断裂。

图2.26 石下断裂破碎带出露情况
（镜向北西）

图2.27 石下断裂断面上擦痕、阶步情况
（镜向北东）

7. 彩乘断裂

该断裂走向北东，倾向南东或北西，具左旋走滑性质，通过石下、山肚和彩乘等地，长约5km。

破碎带宽约6m（图2.28、图2.29），内部次级断面、节理发育，断面上有阶步发育（图2.30），指示压性左旋走滑性质。向北东观察，断裂通过山间V型谷地，露头发育在谷坡中部，为早第四纪断裂。

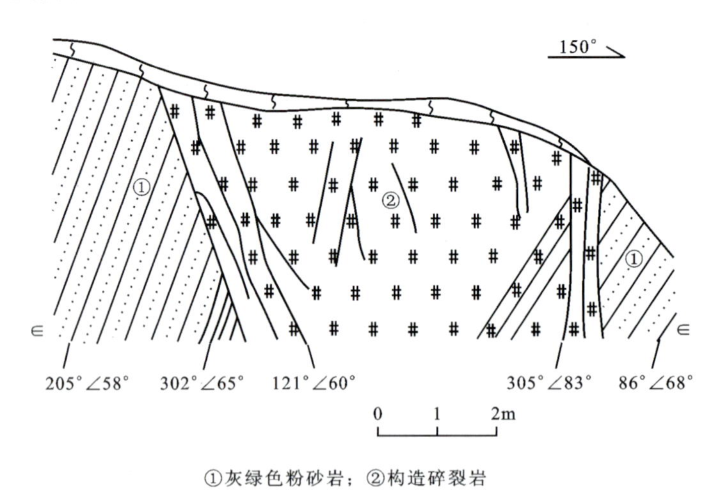

①灰绿色粉砂岩；②构造碎裂岩

图2.28 彩乘断裂（彩乘北东1km）构造剖面图

8. 大冲口断裂

该断裂走向北北西—近南北，倾向南西西，具左旋走滑性质，通过新屋和大冲口等地，长约6km（图2.31）。

在上龙船南东900m见该断裂出露（图2.32），破碎带宽约10m，内部碎裂岩发育，次级断面、节理发育，有的断面上有近水平擦痕、阶步发育（图2.33），指示左旋走滑性质，总体表现为压剪性断裂，为前第四纪断裂。

图 2.29 彩乘断裂破碎带宏观出露情况
（镜向北东）

图 2.30 彩乘断裂通过处地貌
（镜向北东）

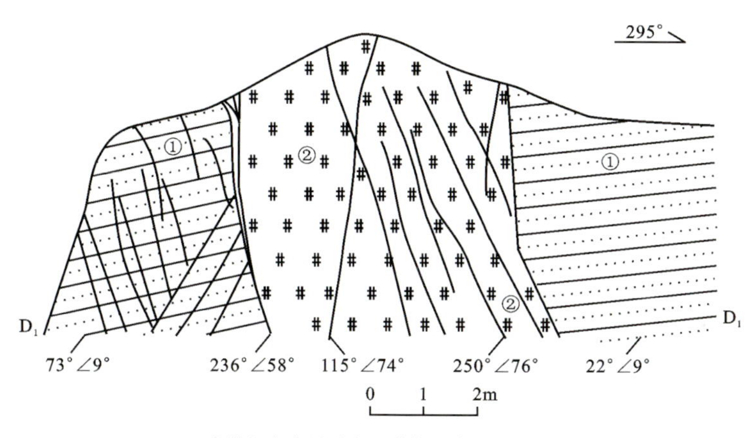

①紫红色中层砂岩；②构造碎裂岩

图 2.31 大冲口断裂（上龙船南东 900m）构造剖面图

图 2.32 大冲口断裂破碎带宏观出露情况
（镜向南西）

图 2.33 大冲口断裂断面上擦痕、阶步情况
（俯视）

9. 冲口断裂

该断裂走向近南北，倾向西，最新活动性质为右旋走滑，通过冲口、老龙冲和大冲等地，长约 8km。

破碎带宽约 2m(图 2.34、图 2.35)，内部碎裂岩发育。早期活动主断面上下盘近断面处岩层拖曳构造发育，指示正断性质；晚期活动断面上有近水平擦痕、阶步发育(图 2.36)，指示右旋走滑性质。向南南西观察，断裂通过山间河谷。

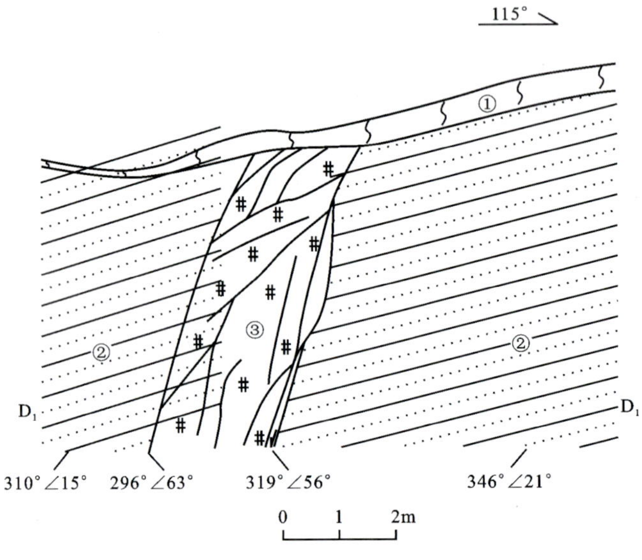

①黄褐色残积黏土；②紫红色中层砂岩；③构造碎裂岩

图 2.34　冲口断裂(冲口南 200m)构造剖面图

图 2.35　冲口断裂破碎带宏观出露情况
(镜向北东)

图 2.36　冲口断裂断面上擦痕、阶步情况
(镜向北西)

综上所述，震中区附近主要断裂活动特征见表2.2。

表2.2　震中区附近主要断裂活动特征一览表

编号	断裂名称	走向	倾向	长度/km	活动性质	最新活动时代
f_1	百马村-石羊电断裂	北西/近南北	南西西	43	正断	Qp_{1-2}
f_2	望高-枫木山断裂	近南北	西	85	逆断	Qp_{1-2}
f_3	凉亭顶-雅珠顶断裂	近北北西	南西	50	逆断	Qp_{1-2}
f_4	大冲口断裂	北西西—近南北	南西西	6	左旋走滑	AnQ
f_5	冲口断裂	近南北	西	8	正断/右旋走滑	AnQ
f_6	贺街-夏郢断裂	北东	北西	110	逆断/逆走滑(北段)	Qp_{1-2}
					正断(中段)	
					逆断(南段)	AnQ
f_7	大桂顶断裂	北西	北东	11	右旋走滑	AnQ
f_8	彩乘断裂	北东	北西/南东	5	左旋走滑	Qp_{1-2}
f_9	石下断裂	北西	北东	2.5	左旋走滑	Qp_{1-2}
f_{10}	里松-公会断裂	北东	南东	42	正断	Qp_{1-2}

第三章　遥感影像解译

第一节　遥感数据及处理

一、数据介绍

本书使用的数据类型有高分1号16m宽覆盖数据(WFV)、高分1号2m全色/8m多光谱数据(PMS)、高分2号1m全色/4m多光谱数据(PMS)。所使用的具体数据列于表3.1中。

本书还使用了SRTM数据,主要使用在两个方面:一是进行高分遥感影像正射时,需要DEM数据辅助,以提高正射校正处理的精度;二是利用DEM进行地貌分析,而且可以把正射后的遥感影像叠加在DEM上,形成三维场景,以此提高构造解译的精度。

表3.1　本书选用数据列表

数据类型	数据名称	备注
GF-1 WFV数据	GF1_WFV1_E110.4_N23.0_20171219_L1A0002862914 GF1_WFV1_E110.8_N24.6_20171219_L1A0002862911	2景16m宽覆盖数据
GF-1 PMS数据	GF1_PMS1_E111.1_N23.6_20160208_L1A0001397804 GF1_PMS1_E111.2_N23.8_20160208_L1A0001397808 GF1_PMS1_E111.3_N24.1_20160208_L1A0001397806 GF1_PMS1_E111.3_N24.4_20160208_L1A0001397807 GF1_PMS1_E111.4_N24.7_20160208_L1A0001397809 GF1_PMS1_E111.5_N23.8_20140123_L1A0000163526 GF1_PMS1_E111.6_N24.1_20140123_L1A0000155685 GF1_PMS1_E111.7_N24.4_20140123_L1A0000712430 GF1_PMS2_E111.5_N23.5_20160208_L1A0001397956 GF1_PMS2_E111.5_N23.8_20160208_L1A0001397957 GF1_PMS2_E111.7_N24.6_20160208_L1A0001397951	11景2m全色/8m多光谱PMS数据

续表 3.1

数据类型	数据名称	备注
GF-2 PMS 数据	GF2_PMS1_E111.3_N23.5_20161209_L1A0002028138 GF2_PMS1_E111.3_N23.7_20161209_L1A0002028136 GF2_PMS1_E111.4_N23.9_20161209_L1A0002028134 GF2_PMS1_E111.4_N24.0_20161209_L1A0002028135 GF2_PMS1_E111.4_N24.2_20161209_L1A0002028129 GF2_PMS1_E111.5_N24.4_20161209_L1A0002028127 GF2_PMS1_E111.5_N24.6_20161209_L1A0002028132 GF2_PMS1_E111.6_N24.8_20161209_L1A0002028128 GF2_PMS2_E111.5_N23.5_20161209_L1A0002028289 GF2_PMS2_E111.5_N23.6_20161209_L1A0002028288 GF2_PMS2_E111.6_N23.8_20161209_L1A0002028285 GF2_PMS2_E111.6_N24.0_20161209_L1A0002028287 GF2_PMS2_E111.7_N24.2_20161209_L1A0002028284 GF2_PMS2_E111.7_N24.4_20161209_L1A0002028286 GF2_PMS2_E111.8_N24.5_20161209_L1A0002028282 GF2_PMS2_E111.8_N24.7_20161209_L1A0002028283	16 景 1m 全色/4m 多光谱 PMS 数据

二、数据处理

1. 数据正射校正

由于卫星影像受各种因素的影响，如传感器平台自身高度、姿态变化，地球曲率及空气折射的变化以及地形的变化，不可避免地会出现几何畸变，对于几何畸变的影像，需要消除其几何畸变才能正常使用，消除几何畸变的过程即为几何校正，几何校正同样能够赋予影像平面坐标。几何校正分为不同的级别，其中正射校正为几何校正的最高级别。正射校正不仅能够达到消除几何畸变、赋予影像平面坐标的目的，同时还能通过引入 DEM 信息来纠正影像因为地形起伏而产生的畸变，并给图像加上高程信息。

影像正射校正使用 RPC(rational polynomial coefficient)有理多项式系数模型，以 30m 分辨率 SRTMDEM 数据作为高程参考。正射校正通过 ENVI 软件实现，实际操作中，GF-1 号、GF-2 号影像自带 RPC 信息，需要从参考影像中选取控制点数据来控制正射校正后影像位置误差的精度，确保校正后的影像位置误差小于 1 个像元。

获取的高分影像自带 RPC 参数，在 ArcGIS 和 ENVI 等软件中，能直接利用 RPC 参数的坐标系数对图像进行初步的位置配准，但是位置有一定的偏差。图 3.1 是 GF-2 号全色影像正射前后叠加对比，左半边为叠在上面的正射校正后影像，右半边为叠在下面的未正射影像，可以看出校正前后图像位置偏差比较大。

图 3.1　GF－2 号全色影像正射前(左半部)、后(右半部)叠加对比

2. 数据融合

遥感影像融合技术能够结合不同类型数据源的优势,GF－1 号卫星全色波段数据分辨率为 2m,多光谱波段数据分辨率为 8m,GF－2 号卫星全色波段数据分辨率为 1m,多光谱波段数据分辨率为 4m,需要使用数据融合方法把 GF－1 号卫星全色波段数据和多光谱波段数据进行融合得到 2m 分辨率的彩色图像,同样,需要把 GF－2 号卫星全色波段数据和多光谱波段数据进行融合得到 1m 分辨率的彩色图像。通过数据融合的手段,能保留全色数据的高空间分辨率信息和纹理特征,以及多光谱波段的光谱信息(色彩),更好地应用于活动构造解译工作。

常用的融合算法有 HSV、Color Normalized(Brovey)、Gram－Schmidt Spectral Sharpening、PC Spectral Sharpening 及 CN Spectral Sharpening。通过对比分析,选取了 Gram－Schmidt Spectral Sharpening(GS)融合算法。GS 光谱锐化融合无波段限制,保持原有影像的光谱信息,影像保真效果较好,边缘信息清晰,影像对比度高。该方法实现过程为从低分辨率波段中模拟出一个全色波段,再对全色波段和多光谱波段进行 Gram－Schmidt 变换,上一步模拟出的全色波段作为第一波段,接着用高空间分辨率的全色波段替换 Gram－Schmidt 变换后的第一个波段,最终用 Gram－Schmidt 反变换得到融合图像。该算法于 1998 年初次应用于遥感图像处理,利用该融合算法得到的图像具有保真度好的特点,融合后的图像色彩鲜艳、地物特征明显。

由于 GF－1 号、GF－2 号卫星的全色数据和多光谱数据由不同的相机拍摄,有时图像相对位置会有一定的偏差。解决的办法是对全色和多光谱数据都进行正射处理。理论上,处理后就可以很好地匹配,但有时两次正射处理误差不一样,正射处理后的全色影像和多光谱图像还会有较小的偏差,如果存在这种现象,需要以高分辨的全色影像为参考影像,对多光谱图像做配准处理。

图 3.2a 为正射配准后多光谱影像，图 3.2b 为正射配准后全色影像，图 3.2c 为全色影像与多光谱影像融合后的影像。从图中可以看到，融合后的影像很好地保留了全色影像的纹理细节，同时也保留了多光谱波段的色彩信息。

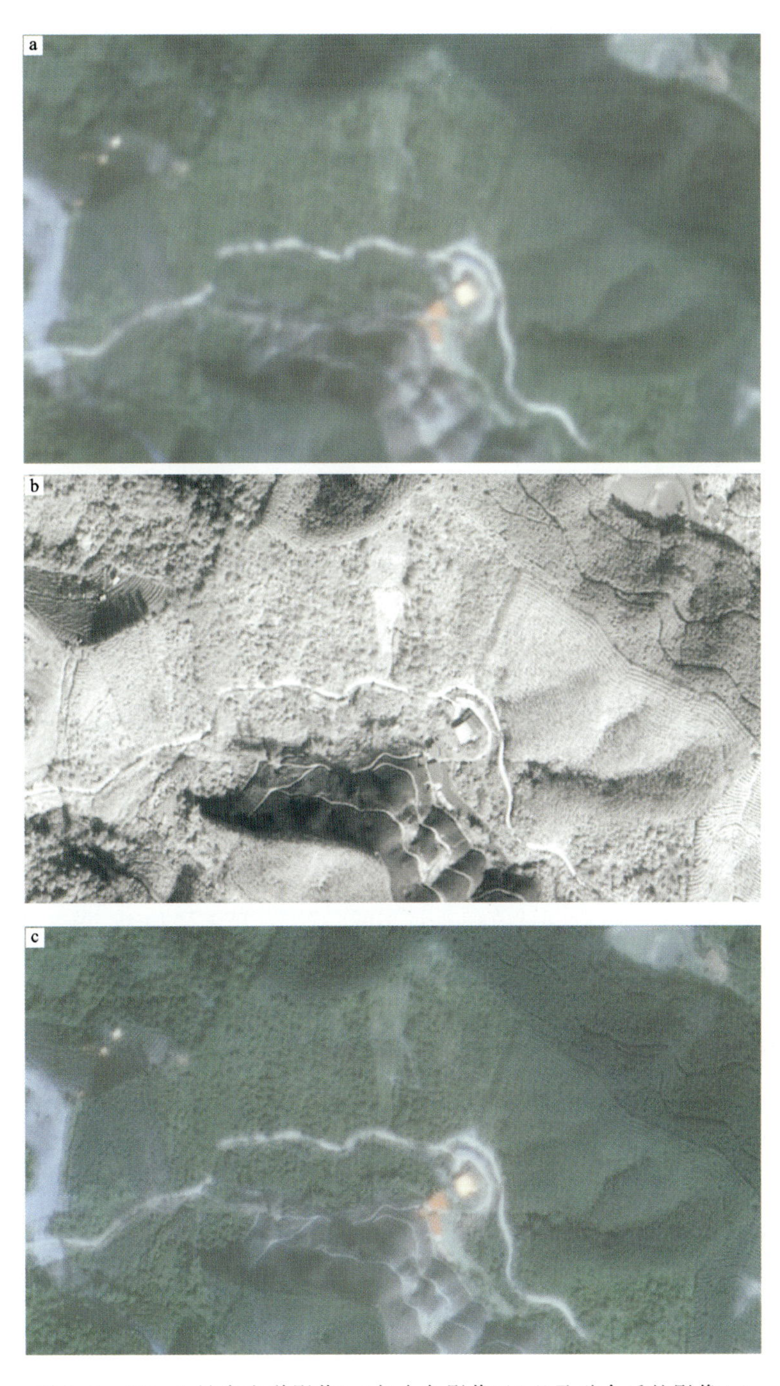

图 3.2　GF－2 号多光谱影像(a)与全色影像(b)以及融合后的影像(c)

3. 最佳波段选择

遥感影像的解译大多基于人工目视解译，选择最佳的波段组合进行彩色合成能够使融合后的影像表现出更为丰富的光谱信息，为人机交互解译过程提供便利。

最佳波段选择方法以目视显示效果为主，辅以统计计算结果，统计计算的方法利用Chavez(1982)提出的最佳指数法作为参考，已有前人在研究工作中证明最佳指数法同样可用于国产卫星数据。

最佳指数法的算法：

$$OIF = \sum_{i=1}^{3} S_i / \sum_{j=3}^{3} CC_{ij}$$

式中，S_i表示第i个波段的标准差；CC_{ij}表示第i个波段和第j个波段之间的相关系数。

GF-1号卫星多光谱共有4个波段，因此波段组合的种类为24种。借助于MATLAB软件对影像的最佳指数进行计算。计算结果如表3.2所示。

表3.2　OIF计算结果

波段组合			OIF值
3	2	1	78.093 02
4	2	1	122.279 2
4	3	1	135.628 0
4	3	2	137.708 1

OIF值越高，说明该种波段组合方式所包含的信息量越大。从计算结果可以看到，含有第4波段的组合OIF值都比较高，其中"4-3-2"波段组合方式的OIF值最高，反映了第4波段的信息丰富。该波段为近红外波段，对地表植被反应敏感。构造解译要尽可能地减少植被的影响，因此，我们选取了OIF值相对较小的"3-2-1"波段组合，并以真彩色的方式进行合成，地物颜色与我们平常看到的颜色一样，色彩显示清晰，不同地层色彩对比明显，水系及山脊线纹理清晰，所表达的信息最丰富，适合断裂地貌的提取。

4. 三维可视化

利用三维可视化技术，在ArcGIS软件中，将SRTM 30m分辨率数字高程模型与GF-2号卫星遥感图像的光谱信息相结合，构建地质体三维可视化图像，再现地质体的三维空间特征，并可从不同角度任意对地质体进行旋转、漫游、视景变换等操作，产生形象逼真的视觉效果，使地质体的地形、地貌等各种起伏特征一目了然，从而从整体上更直观、更全面地对地质体进行综合分析和研究(付碧宏等，2008)。图3.3是贺街-夏郢断裂带北部区沙头镇附近三维可视化场景，图中山前线性地貌特征清楚。

图 3.3　贺街-夏郢断裂带重点区段三维场景

第二节　影像解译标志

解译标志有直接解译标志和间接解译标志两种。直接解译标志指的是地物属性在影像上的直观表现，如地物的形状、大小、色调、纹理等；间接标志则指与地物相关、有内在联系，通过一定的分析能够推知地物性质的一类影像特征。在对活动构造进行解译时，除了解译断裂在影像上表现出的线性特征外，还需要对沿断裂带受断裂活动控制形成的各类地貌现象做解译（何宏林，2010；徐岳仁等，2011；孙鑫喆等，2016；鲁恒新等，2017）。

常见断裂构造的解译标志有：①同一地层或地貌单元被线性错断；②色调差异较大的两种不同地貌单元线性接触；③线性分布的槽谷地貌；④线性分布的断层陡坎或断层三角面；⑤山脊线发生同步位错现象；⑥河流发生同步偏转，或线性分布的一系列断头沟。根据研究区的地质地貌特点，结合 1∶20 万、1∶5 万地质图等资料，确定了研究区地层、断裂的主要解译标志。

1. 地层标志

不同岩性、时代的地层，因成分、风化程度及含水量的不同，会具有自身独特的色调。通过识别色阶，可以区分地貌面的边界。色调的明暗，在一定程度上也能用于区分地貌面暴露时间的长短，暴露越长的地貌面，在内外动力的共同作用下改造严重，其色调就相对较暗，侵蚀程度越高，阴影及纹理的特征越明显。基岩地区遭受侵蚀作用时间长，因此，相较于第四纪地层，其纹理较为密集，并伴随有范围较大的阴影，第四纪地层与之相反，据此能够区别出基岩与第四纪地层。此外，根据地层层序律，由地层空间位置上的叠置关系，也可判断岩层形成时间的早晚。对于未发生变形的地层，形成时代较晚的在上，形成时代较早的在下。

地层产状的解译主要依据色调、纹理等特征。通常水平岩层在影像上的色调、纹理单一而均匀，在遭受切割严重的地区，依切割程度不同，可形成同心环状、贝壳状、花边状等纹理；直立岩层在影像上表现为由不同色调组成的呈平行直线状或弧形条带状排列的条带，纹理十分清晰，条带的延伸方向即为岩层走向，常形成沟脊相间的地貌；倾斜岩层是最常见的岩层，影像上倾斜岩层的表现与直立岩层相似，不同的是倾斜岩层地貌上常形成猪背岭、单面山等地貌。这一特征有利于在影像上识别断层的位置及几何展布。

2. 断层陡坎

断裂活动时往往伴随着陡坎的出现，使附近的阴影纹理及色调有别于其他位置并呈线性分布，在同一光照角度下，阴影的位置能大致指示断层陡坎的倾向(陈桂华，2010)。

3. 新老洪积扇识别标志

洪积扇的新老关系判断主要依据扇体的完整程度及在空间上的位置关系。若扇体形态不完整，遭受侵蚀切割严重，则新扇体通常发育在老扇体内部，并且扇面的海拔低于老扇体的海拔，在新扇体与老扇体的交接处还会有单侧密集纹理的现象出现；若两个扇体发育较为完整且属于叠置关系，则新扇体通常覆盖于老扇体之上。

4. 水系展布标志

垂直差异错动明显的断裂两侧，其水系格局常常呈现不同的结构：上升盘对应的水系类型通常为深切割的树枝状或格子状水系；下降盘水系类型则通常为浅切割的树枝状、平行状、羽状或扇状，下降盘若具有掀斜运动的性质，一般形成平行状水系，若为槽型断陷盆地，则以羽状水系较为发育。此外，跨断裂河流的同步偏转现象，反映断裂的水平运动，发生偏转处即为活动断裂的位置，河流的偏转量代表了断裂单次活动或多次活动产生的水平位移量。水系的特征在光学影像上表现清晰，现象典型，是解译活动断裂最主要的影像标志之一。

第三节　贺街-夏郢断裂遥感解译

根据以上解译标志，利用GF-1号卫星16m分辨率宽覆盖影像数据对目标区的地貌现象、地层分布及主要断层分布进行解译。在使用数据前，引入DEM及控制点对影像进行正射校正，使影像具有较好的定位精度，保证解译要素与其真实地理位置相符。

震中区附近的断裂(图3.4)十分发育，依据断层在影像上表现出的线性标志、地貌、地层及水系标志，对震中区附近发育的活动断裂进行解译。区域内有大小断裂共17条，走向主要为北东—北北东向和北西向。下面重点对沙头-夏郢断裂和独山-七星岭断裂进行解译(图3.5)。断裂遥感解译特征见表3.3。

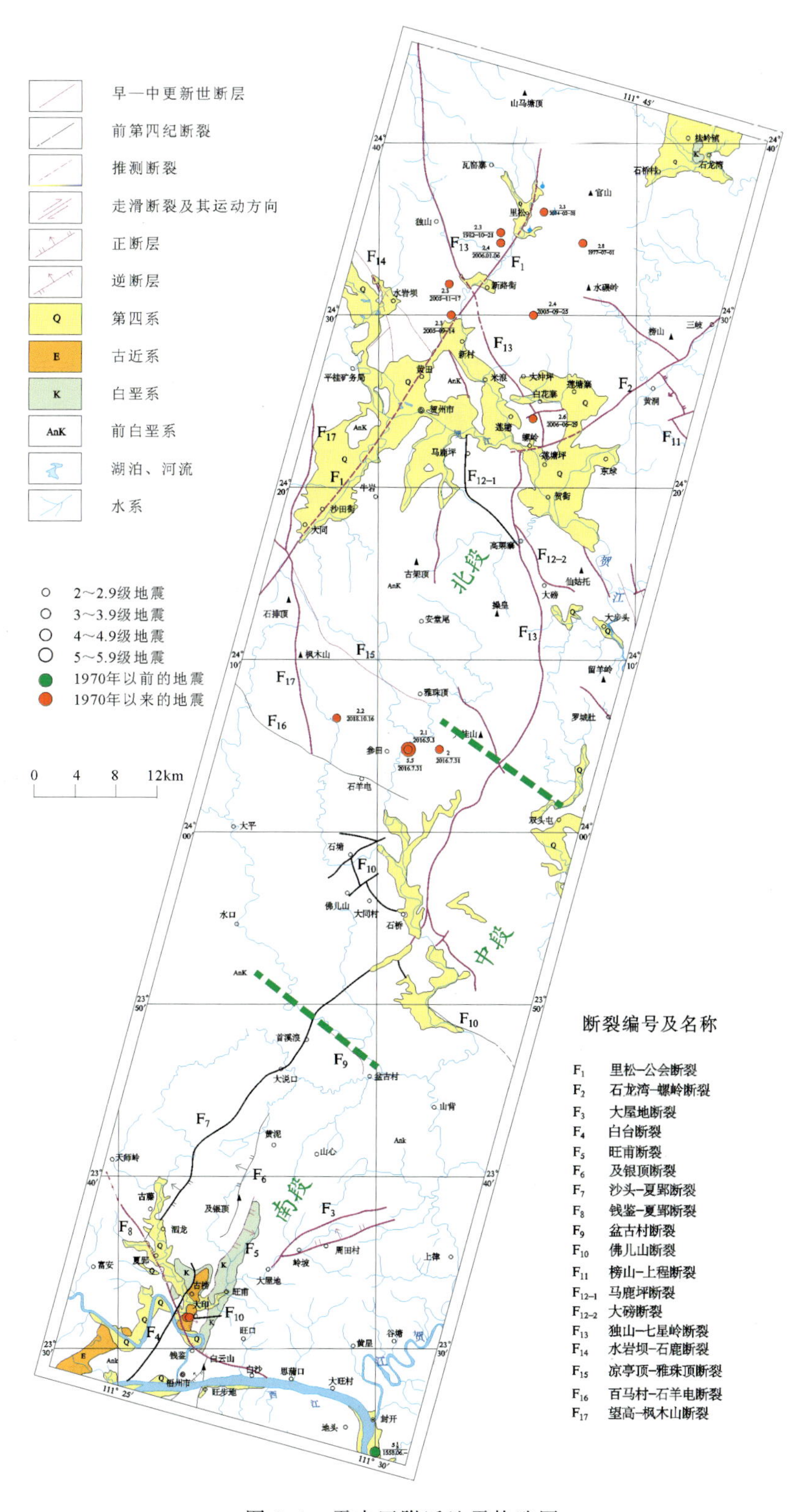

图 3.4　震中区附近地震构造图

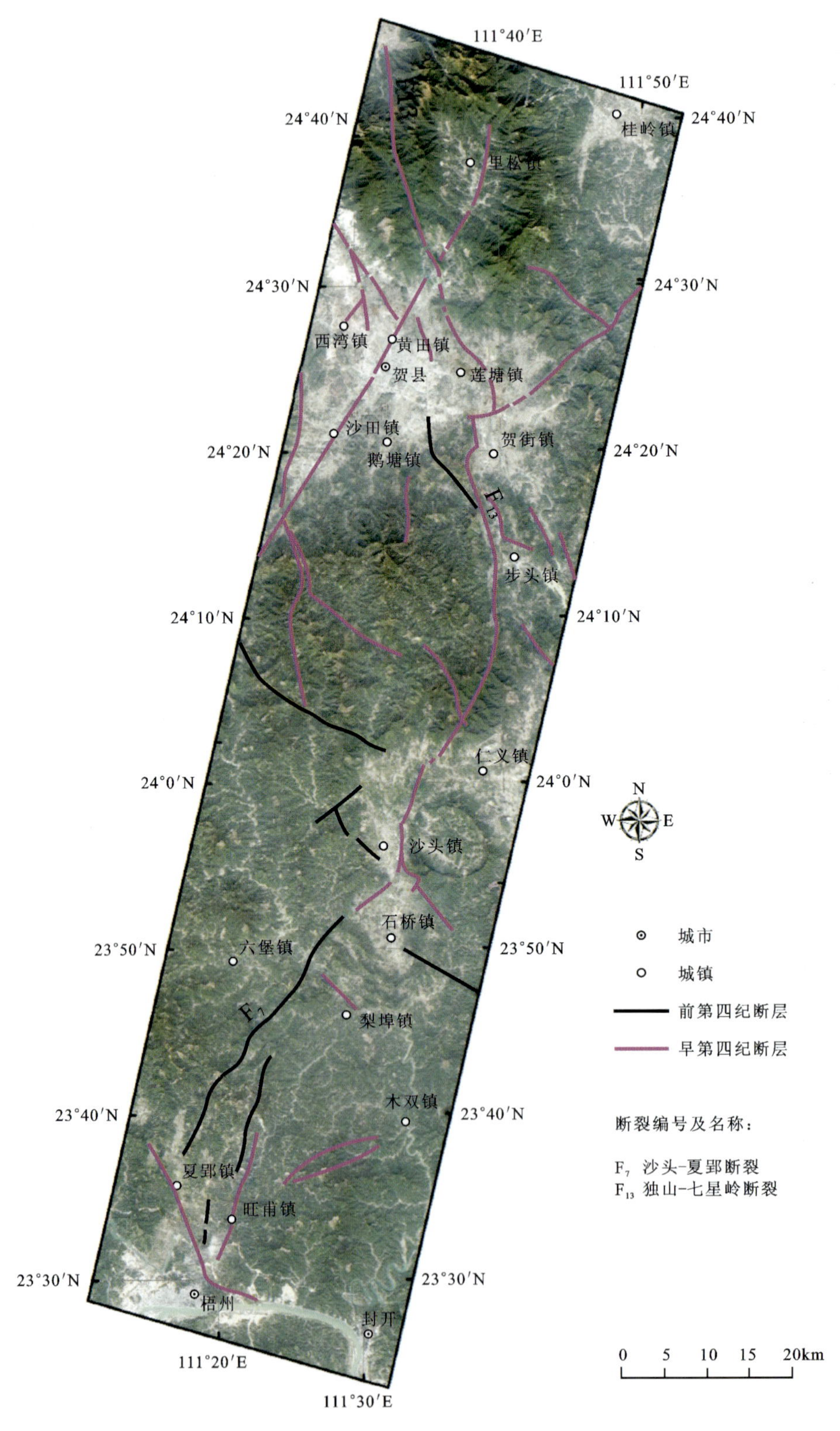

图 3.5 贺街-夏郢断裂遥感解译图

表 3.3 贺街-夏郢断裂遥感解译简表

断裂编号	断裂名称	断裂走向	断裂长度	活动性质	活动年代	遥感解译特征
F_7	沙头-夏郢断裂	35°	约 40km	逆断	AnQ	断裂带从基岩山体中通过,线性特征不明显;北段石桥镇西盆地边界部位有较好的线性特征和地貌反映
F_{13}	独山-七星岭断裂	20°～40°	约 110km	逆断	Qp_{1-2}	断裂整体线性特征比较清楚,呈舒缓波状,在第四纪盆地和谷地附近线性特征清楚,断层两侧地貌也有反映,经过基岩山体时线性特征比较弱,但比沙头-夏郢断裂穿过基岩山体时清楚

一、沙头-夏郢断裂遥感解译

沙头-夏郢断裂南起梧州夏郢镇,北至沙头镇,总体走向 35°,长约 40km,逆冲断层。该断裂在遥感影像上线性特征不明显,断裂两侧的地层和地貌特征也没有太大差异。解译基本沿用地质图上断层位置。图 3.6 是大堡河义到村附近遥感解译图,可以看出,在遥感影像上的线性特征非常弱,而且在地层岩性以及地貌特征上也没有太明显的反映。推测由于断层活动时代较早,又发育在基岩中,所以在影像上反映不明显。

断裂北段经石桥镇到沙头镇,与独山-七星岭断裂(F_{13})交会。石桥镇和沙头镇位于一小型盆地,沙头-夏郢断裂从石桥镇西北的盆地边缘经过。本段线性特征清楚,地貌上西北部为山地,东南部为有低矮丘陵的盆地(图 3.7)。

二、独山-七星岭断裂遥感解译

独山-七星岭断裂总长约 110km,总体走向 20°～40°,呈舒缓波状,是一条逆冲断裂。断面倾向北西,断裂带宽十余米至数十米。断裂在低山丘陵中延伸,两侧地貌无明显差异,控制一些长条形第四纪谷地走向。该断裂具多期活动,其活动性自北向南逐渐减弱,中生代有过强烈活动,在新近纪以来和早更新世有过明显的活动,晚第四纪以来活动不明显。2016 年 7 月 31 日广西苍梧 5.4 级地震震中位于该断裂西侧约 6km 处,推测控震构造与该断裂有关。

独山-七星岭断裂在遥感图像上线性特征比较清楚,南段在石桥镇-沙头镇盆地边界部位,向北穿过一段基岩山体,在步头镇沿第四纪谷地向北延伸,然后经贺街盆地边界,穿过贺

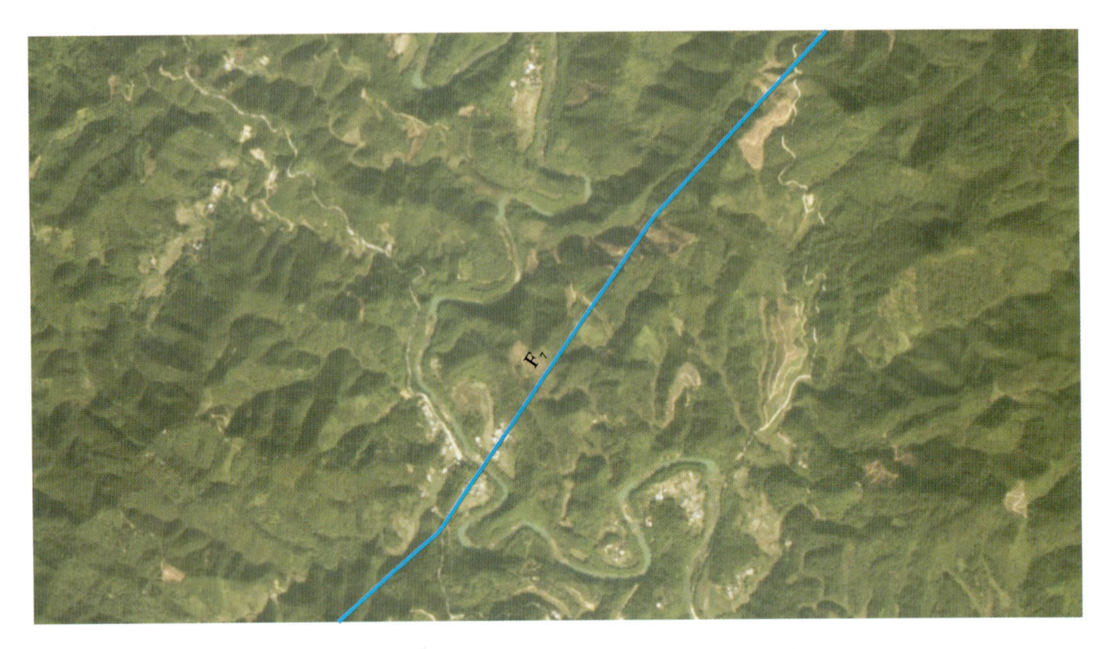

图 3.6　沙头-夏郢断裂大堡河义到村附近遥感解译图

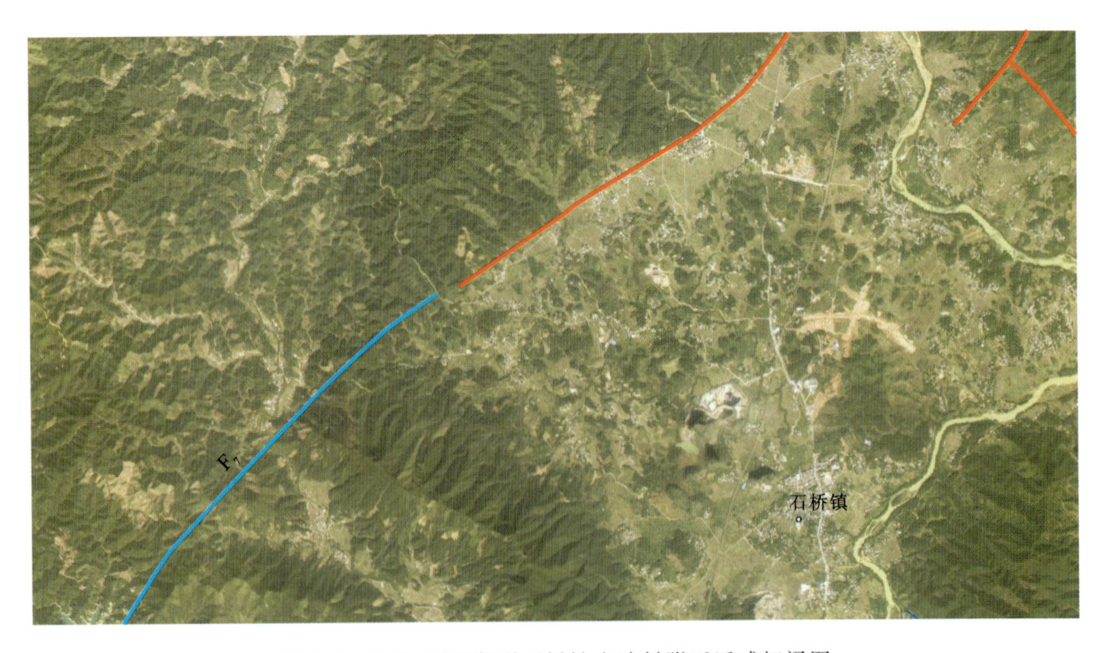

图 3.7　沙头-夏郢断裂石桥镇木路村附近遥感解译图

州北部的山体，进入富川盆地。断裂走向不固定，整体呈舒缓波状，被北西向断裂或北东向断裂错断。南段沙头镇附近线性特征比较强，在地貌上的反映也比较明显(图 3.8)。

独山-七星岭断裂经过沙头镇后，进入基岩山体，线性特征减弱，不过相较于沙头-夏郢断裂，还是要清楚一些(图 3.9)。沿断层有微弱的负地貌特征出现，断裂走向由北东偏向北北东。

图 3.8　独山-七星岭断裂沙头镇附近线性影像(黑色箭头为断层经过位置)

图 3.9　独山-七星岭断裂沙头镇北 GF-2 号融合影像及断裂解译

穿过基岩山体后,独山-七星岭断裂在步头镇附近沿着第四纪谷地向北延伸到贺街镇西北边,构成贺街盆地的西边界(图 3.10)。

图 3.10　独山-七星岭断裂贺街镇附近 GF-2 号融合影像及断裂解译

在贺街镇北部，独山-七星岭断裂沿盆地的东边界继续向北穿过贺州北部山体(图 3.11)，进入富川盆地。

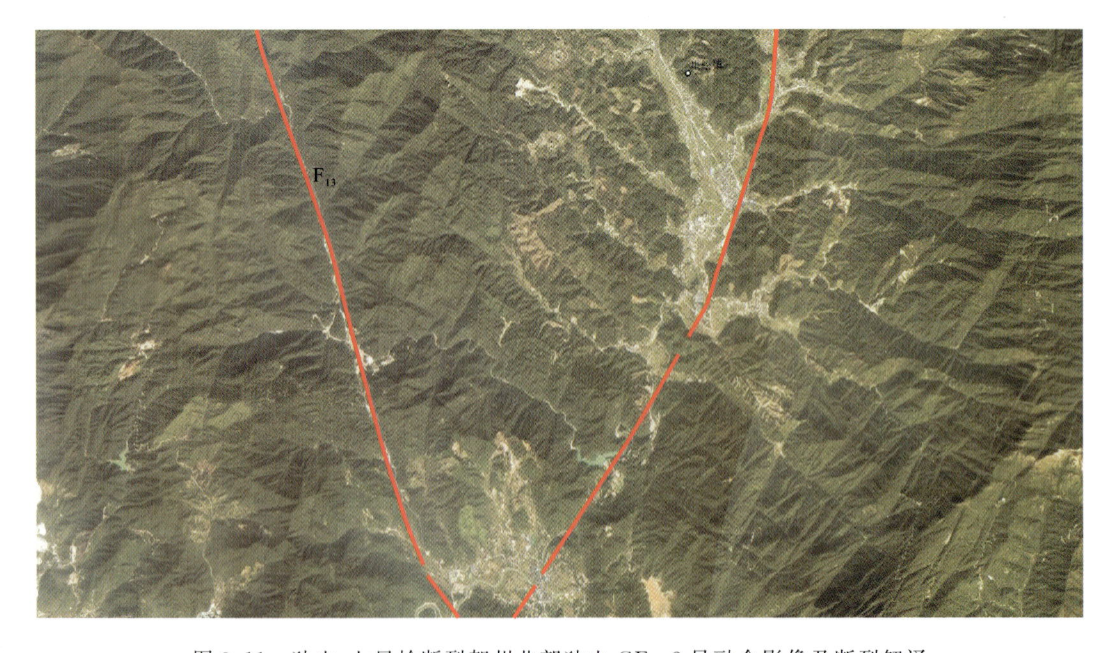

图 3.11　独山-七星岭断裂贺州北部独山 GF-2 号融合影像及断裂解译

第四章　贺街-夏郢断裂活动性勘查

第一节　地震地质调查

贺街-夏郢断裂位于衡阳-梧州大断裂的南部，规模较大，是震中区最为重要断裂，需要专门勘查和研究。该断裂总长约110km，总体走向20°～40°，呈舒缓波状，断面倾向北西，为逆冲断层。该断裂具多期活动特征，其活动性自北向南逐渐减弱，中生代有过强烈活动，在新近纪以来和早更新世有过明显的活动，晚第四纪以来总体上活动不明显。

贺街-夏郢断裂在震中区附近分为南、北两支：北支为独山-七星岭断裂，南支为沙头-夏郢断裂。下面分别进行叙述。

一、独山-七星岭断裂(F_{13})

该断裂走向340°～30°，断面倾向西、倾角60°以上，长约40km。该断裂在重力、航磁异常上有反映，它切错寒武系至二叠系，切穿中生代花岗岩，垂直断距约1000m，断裂破碎带宽数米至十余米，破碎带内小断层、岩石卷曲、破碎岩、挤压透镜体、擦痕等构造现象发育，并有断层泥(图4.1)。它综合表现为逆断层。

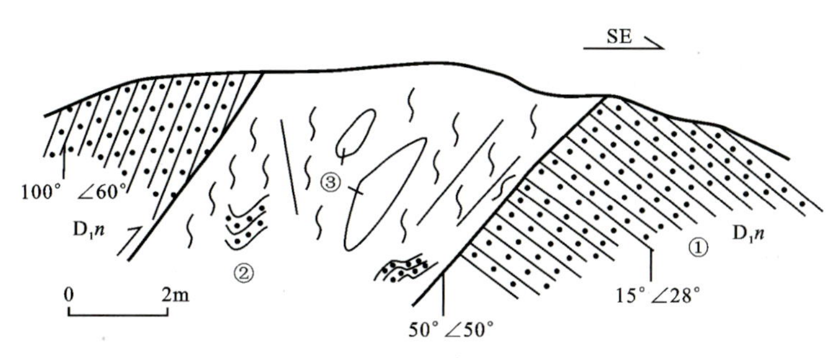

①下泥盆统那高岭组细砂岩；②断层破碎带；③破碎带内挤压透镜体

图4.1　独山-七星岭断裂(贺州仁义玉楼)构造剖面图

在贺州市八步区白花寨村口公路边，可见次级断层发育在灰褐色泥岩中(图4.2，图4.3)，红黄色断层泥发育(图4.4)，取热释光样品HZ－QXL－01，样品年龄为(151.59±16.67)ka。

断裂宽约 10cm，其内发育密集劈理带，附近节理发育，节理走向 15°。断层上盘发育拖曳褶皱，指示断层晚期具正断性质。

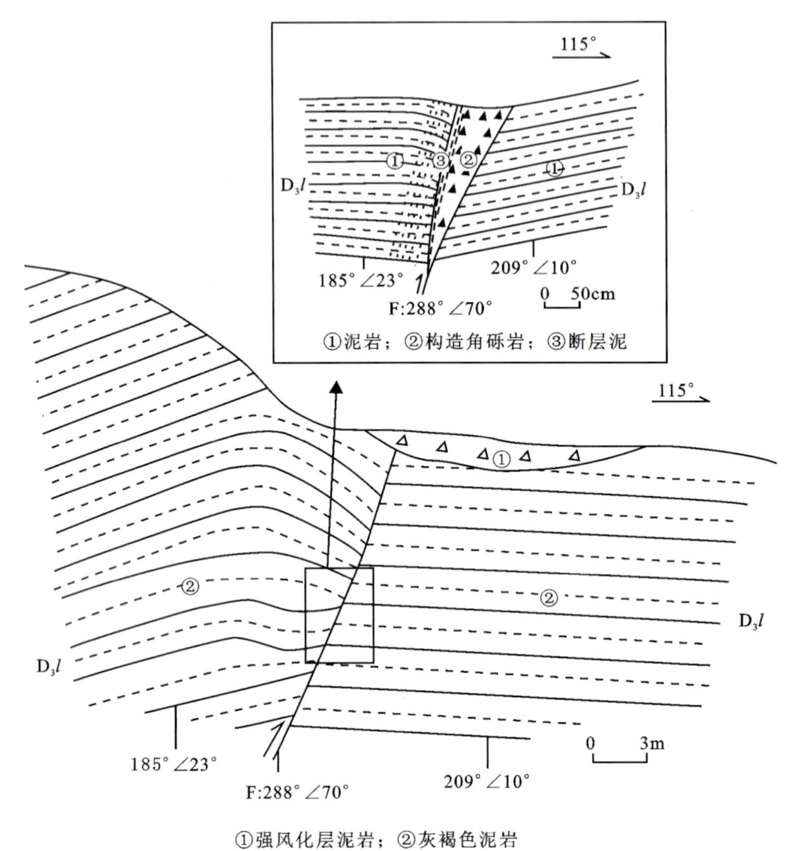

图 4.2 独山-七星岭断裂(白花寨处)构造剖面图

图 4.3 独山-七星岭断裂(白花寨处)野外出露情况

图 4.4　独山-七星岭断裂内红黄色断层泥发育

该断裂主要发育在基岩中，沿断裂无明显的河流地貌位错。综合上述情况，该断裂为早第四纪活动断裂。

该断裂在新生代以来有过明显的活动，并表现出明显的分段特点，大致以莲塘为界，分为南段和北段，南段活动性强，北段活动性稍差。下面分别进行叙述。

(1)断裂在卫星影像上显示清晰。在航空照片上，在北段姑婆山岩体中呈异常清晰的线状特征。

(2)沿断裂地貌反映明显。北段在花岗岩中形成笔直的断层谷(图 4.5)，南段断裂两侧地貌类型差异明显，局部地段成为山区和平原的分界线。

(3)由于断裂的垂直差异运动，在有的地方可见断裂两侧河流阶地发育不对称，有的地方在河流切过断裂时，形成十余米高的跌水，在南段表现得尤为明显。如南段贺县新路龙洞村一小河穿过断层时，断层南西盘一侧发育有 10m、20m、35m 左右的 3 级阶地，河谷呈深切 V 型河谷(图 4.6)；小河穿过断层后，河谷陡然开阔，且仅有 1.5m 左右的河漫滩和 3～4m 的阶地。又如南段永庆莲塘寨附近，断裂两侧地貌发育不对称：西盘有 4 级阶地，东盘仅有 2 级阶地，表明该断层在第四纪有过活动，并继承了逆断层活动性质。

(4)在南段贺街香花冲和太平冲一带，断裂从山地与垄状岭脊的交界处通过，使垄状岭脊和沟谷发生右旋同向弯曲，并可见到切错岭脊后形成的陡坎(图 4.6)。

(5)断裂南段溶洞内的钟乳石、灰华等产生错断或裂隙，如南段新路大松山附近一溶洞，老的裂隙重新活动使灰华断开，石柱被错断，错断面走向近南北，倾向西，倾角 40°，与区域断裂活动性质一致，表明断裂在新构造期有明显的活动。河溪穿越断裂时，西侧阶地发育不对称，河谷地貌形态有差异，沟谷同向弯曲。

综合上述情况，该断裂为早第四纪活动断裂，其南段在中更新世中—晚期还在活动。

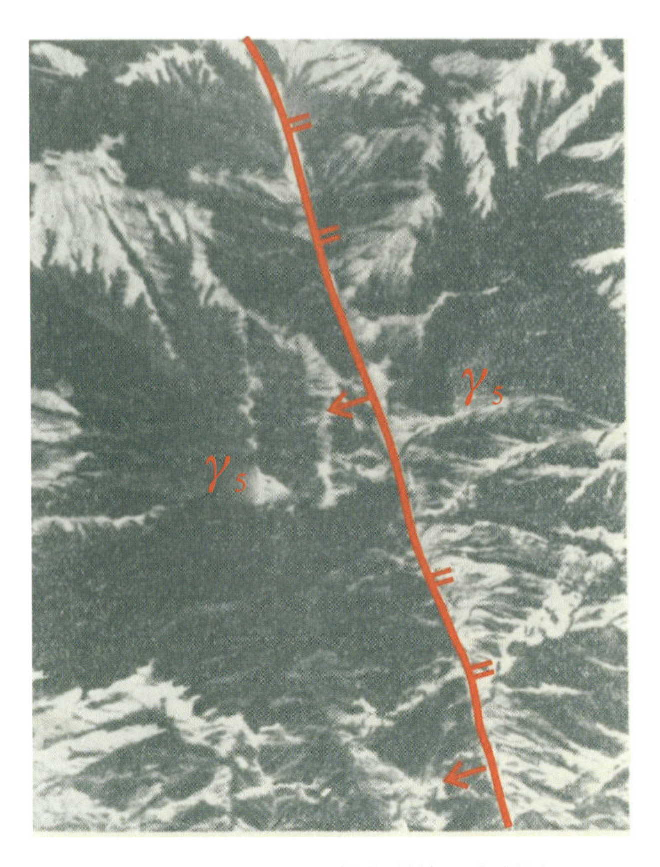

图4.5　独山-七星顶断裂(姑婆山)解译图

图4.6　断裂(贺街太平冲)右旋错动山脊

二、沙头-夏郢断裂(F_7)

该断裂为贺州-夏郢断裂带的组成断裂。该断裂总体走向北东，局部有弯曲，凸向南东或北西，倾向多变。该断裂经过石脚、大说口、蚕村、双垌至田寮附近，长约30km，发育在寒武系和泥盆系中。

在大说口附近，断裂发育在寒武系中。破碎带宽约70m，内部岩石破碎，断面倾向北西。北断面表现为劈理化，南断面有角砾岩出露，厚约30cm，硅质胶结，角砾为1.2cm×0.2cm的石英，石英有拉长、压扁现象，呈米粒状。两个断面之间为破碎的砂岩。破碎带南侧地层为紫红色砂岩-土黄色泥岩互层，泥岩有劈理折射现象。根据角砾岩内部物质的变形情况和泥岩的劈理折射现象，该断裂为挤压-剪切性质的逆断层。断裂上覆一层厚0.5～1m的土黄色残积物，残积物由土黄色泥岩、砂岩碎块组成，断裂未切入其内(图4.7、图4.8)。断裂通过该观察点时穿过山体中部，未发现断裂对山体地形有水平方向和垂直方向的错动。沿断裂走向，断裂通过地区线性负地形不发育，未发现断裂对水系有控制作用。

综上所述，该断裂为前第四纪断裂。

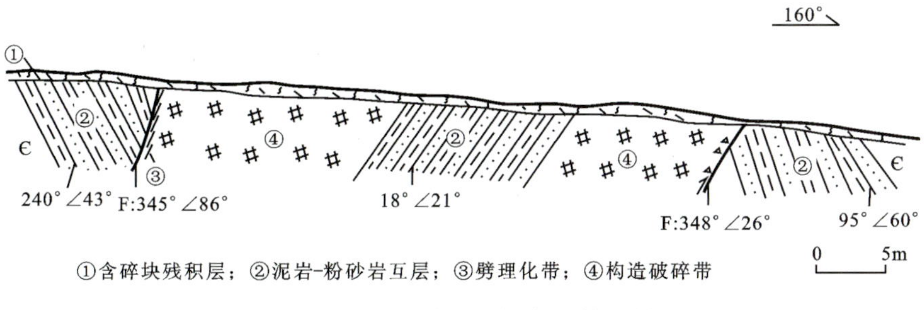

图4.7　沙头-夏郢断裂(大说口)构造剖面图

图4.8　沙头-夏郢断裂(大说口)局部出现的角砾岩(俯视)

为了进一步研究贺街-夏郢断裂活动性及其与苍梧5.4级地震的关系，本章重点对该断裂震中区附近的区段——中段，即南、北两支交会接合部位，进行了详细地震地质调查和地球物理勘探工作，在地球物理异常部位开挖了探槽，并对探槽年代学样品进行了测试。

沿贺街-夏郢断裂中段计有24个地震地质调查点(图4.9)。

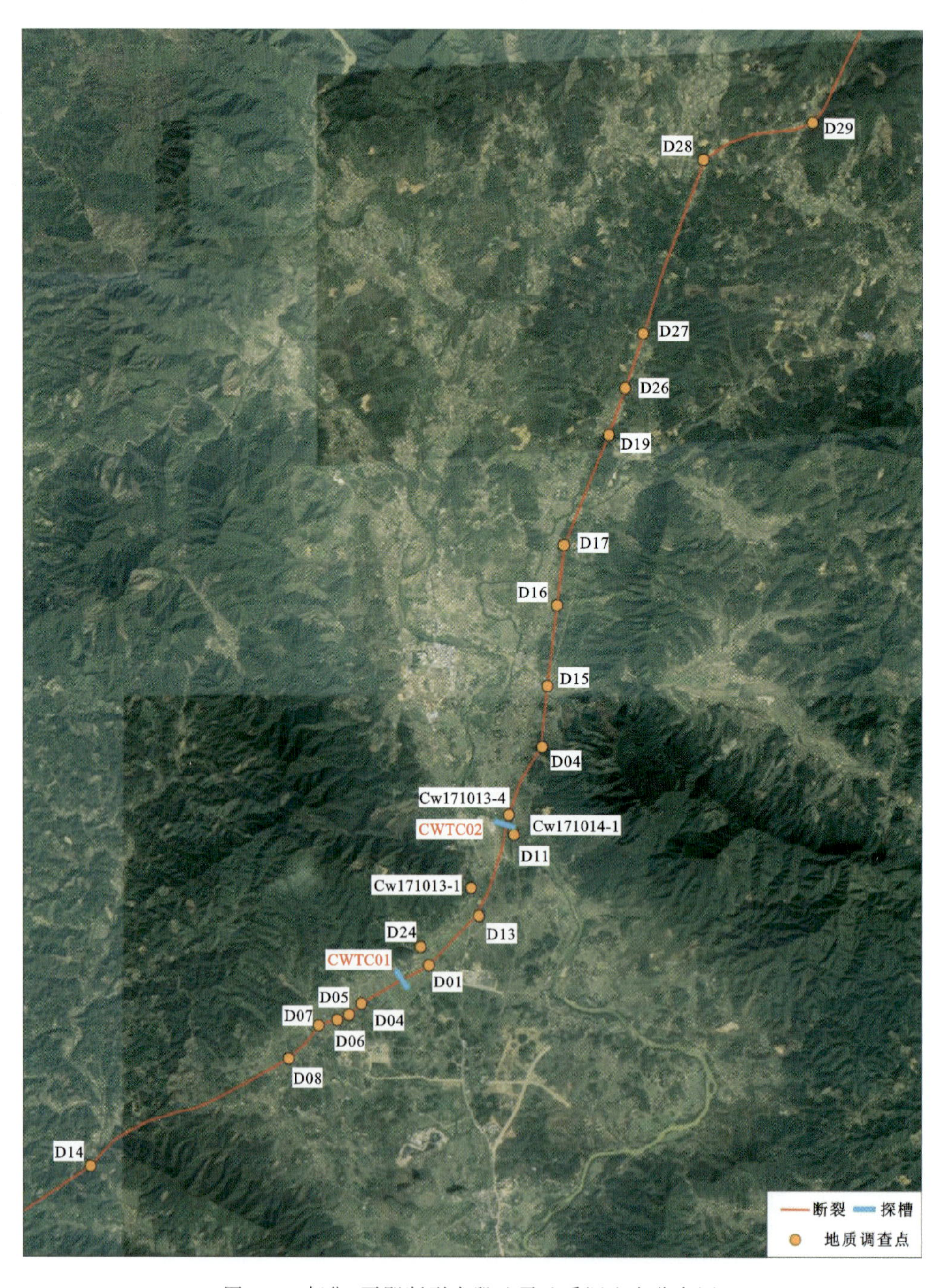

图4.9　贺街-夏郢断裂中段地震地质调查点分布图

从图中可以看出，贺街-夏郢断裂中段主要存在3组断裂：①走向约345°的断裂，与盆地北西向边缘界线走向一致，该断裂控制了盆地边界及盆地内水系分布，水系通过这些断裂时呈直角状转折，该断裂断面上同样可见近水平的擦痕；②走向15°～30°的断裂，表现为正断走滑，切割北西向、北北西向断裂，断面附近还可见塑性断层泥，应为最新的一次断裂活动；③走向60°～70°的断裂，切割北西向、北北西向断裂，与盆地北西向边缘界线走向一致，控制了盆地边界及盆地内水系分布，水系通过这些断裂时呈直角状转折，对上覆第四纪地层有错动，表现为正断走滑，为最新活动断裂。

第二节　地球物理勘探

为了进一步研究贺街-夏郢断裂中段活动性，在苍梧县学田村、培中村、龙科村、新聊村等重点部位共布置了6条综合物探测线。其中，高密度电法测线6条，依次命名为A、B、C、D、E和F；反射波法测线2条，分别与A和E测线部分重合；地震映像法测线2条，分别与C和D测线部分重合。每条测线的端点坐标如表4.1所示。物探综合成果见图4.10～图4.13。

表4.1　物探测线端点坐标表

测线号	端点/m	经纬度		测线长度/m
		东经/(°)	北纬/(°)	
A	0	111.499 30	23.876 62	900
	900	111.502 13	23.869 87	
B	0	111.498 60	23.876 64	900
	900	111.501 37	23.869 52	
C	0	111.519 11	23.886 86	900
	900	111.522 02	23.879 75	
D	0	111.520 94	23.887 08	900
	900	111.521 93	23.879 56	
E	0	111.539 97	23.912 18	450
	450	111.541 07	23.908 39	
F	0	111.578 39	24.027 70	600
	600	111.582 17	24.024 09	

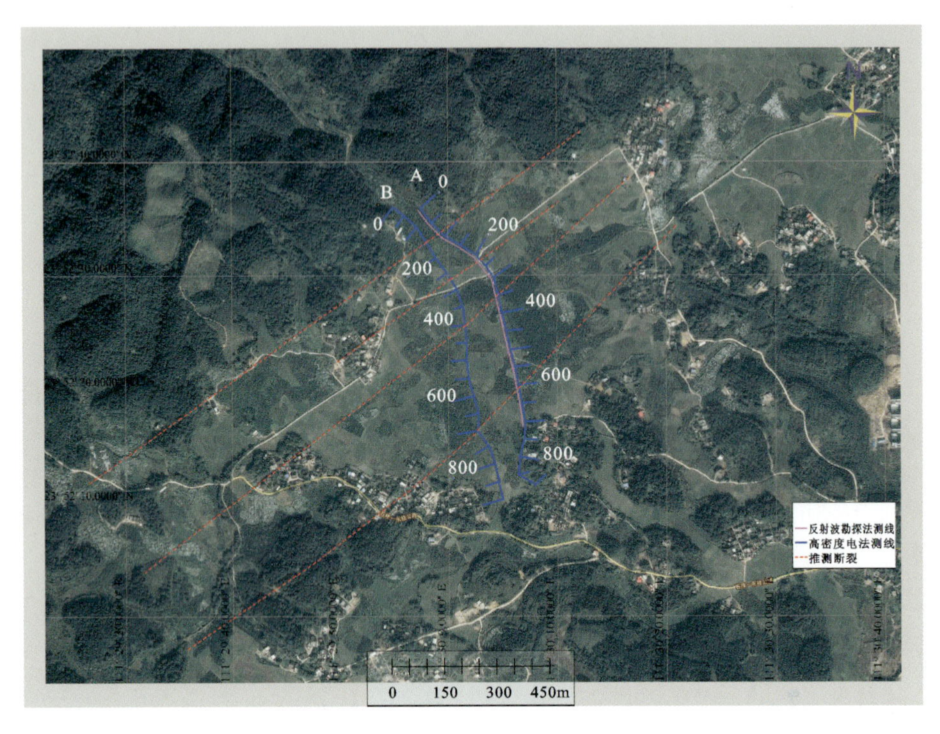

图 4.10 学田村物探测线布置及综合成果图

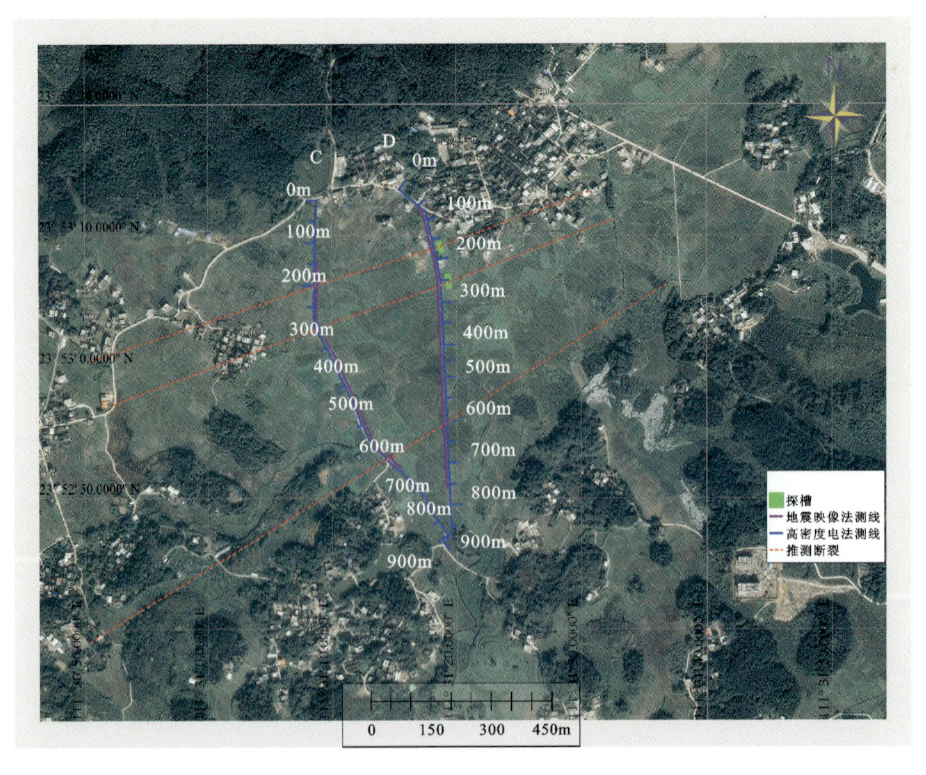

图 4.11 培中村物探测线布置及综合成果图

图 4.12　龙科村物探测线布置及综合成果图

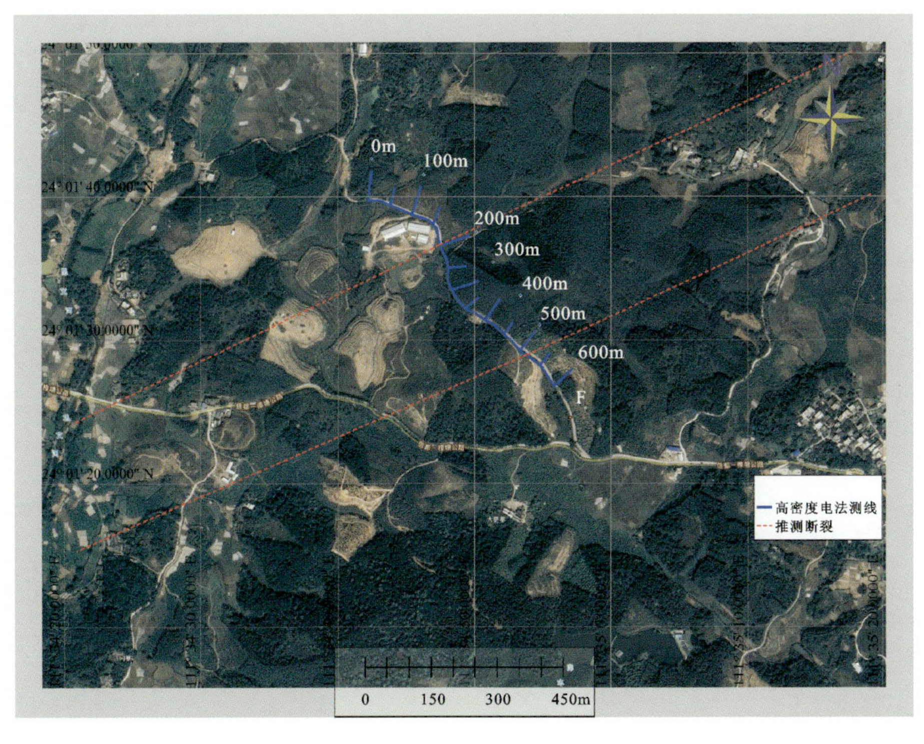

图 4.13　新聊村物探测线布置及综合成果图

一、A 测线资料分析与解释推断

A 测线位于苍梧县石桥镇学田村西北方向 200m 处，其中 A 测线 0～200m 在柑橘地布设，A 测线 200～900m 沿机耕路布设。测线长 900m，测线方位 170°。

从不同极距联合剖面曲线图（图 4.14、图 4.15）上看，在 A 测线极距为 35m 的曲线上，100m、360m、560m 处存在 3 个明显的低阻正交点；在 A 测线极距为 65m 的曲线上，80m、365m、560m 处存在 3 个明显的低阻正交点。在 A 测线高密度电法视电阻率断面等值线图（图 4.16）及二维反演模型断面等值线图（图 4.17）上，在 70～100m、210～220m、335～350m 和 560～600m 这 4 处均存在相对低阻异常区，与联合剖面曲线上的低阻正交点位置较一致，其异常置信度由大到小依次为 560～600m、335～350m、210～220m 和 70～100m 处。根据联合剖面曲线上的低阻正交点位置变化判断，335～350m 和 560～600m 处异常构造倾向南东，210～220m 和 70～100m 处异常构造倾向测线小号点方向，即北西方向。

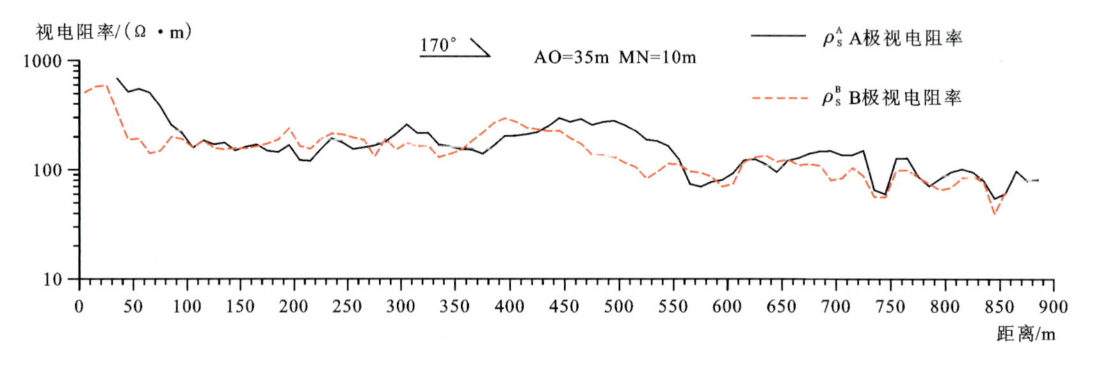

图 4.14　A 测线高密度电法 35m 极距联合剖面曲线图

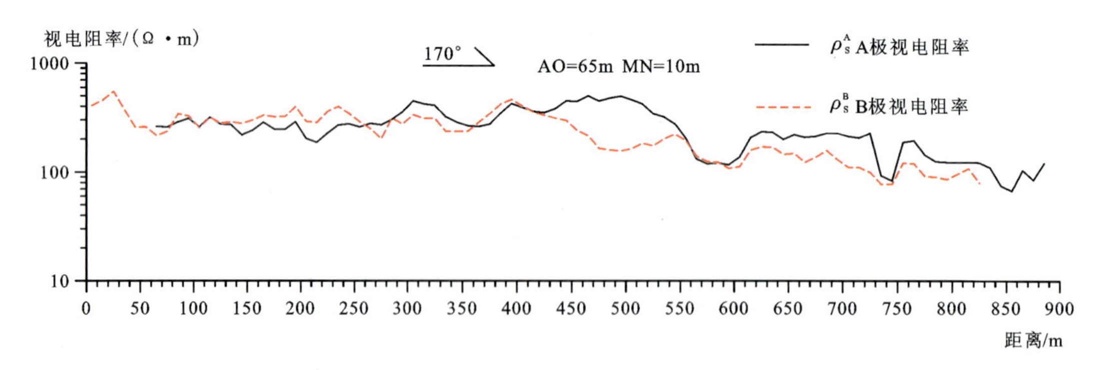

图 4.15　A 测线高密度电法 65m 极距联合剖面曲线图

此外，在 730～750m 处也存在一个明显相对低阻异常区，在联合剖面曲线表现为低阻下凹，该处异常位置位于村里，推测可能为电磁干扰所致。

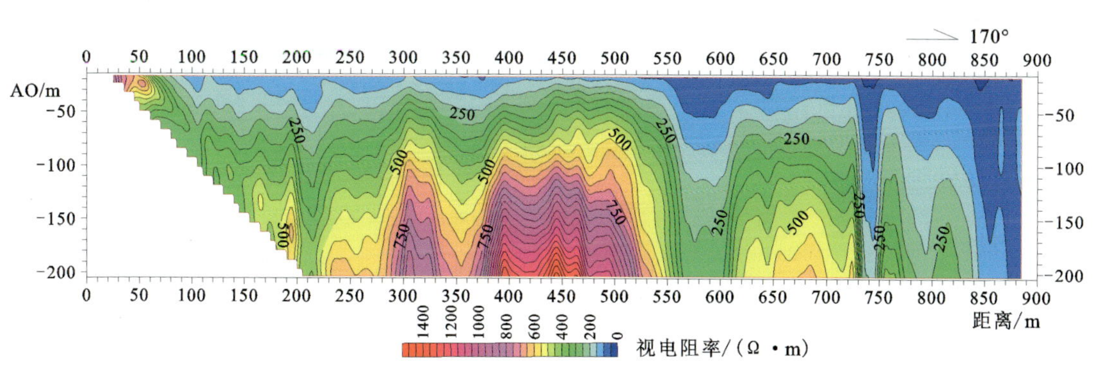

图 4.16　A 测线高密度电法 AMN 装置视电阻率断面等值线图

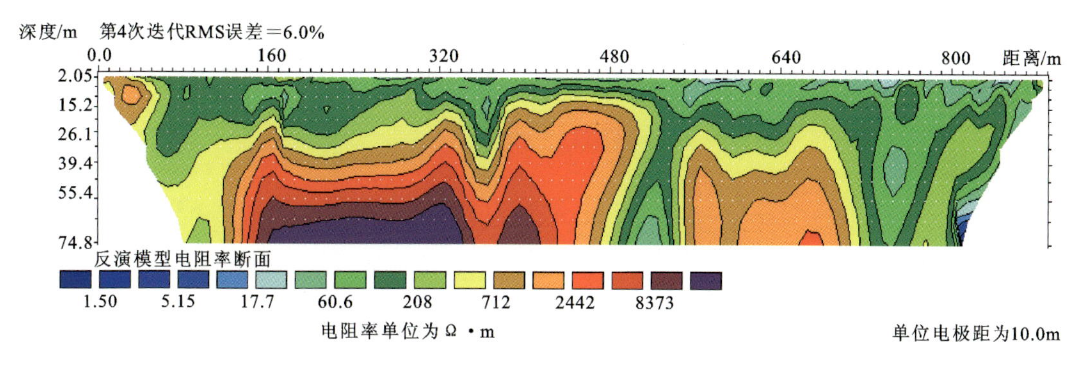

图 4.17　A 测线高密度电法 AMN 装置二维反演模型断面等值线图

在 A 测线反射波法成果剖面图(图 4.18～图 4.20)上,在 80m、230m 和 335m 处出现地震波同相轴错断异常;在 560～600m 范围内,地震波同相轴连续性较差,两侧波组数差异明显。

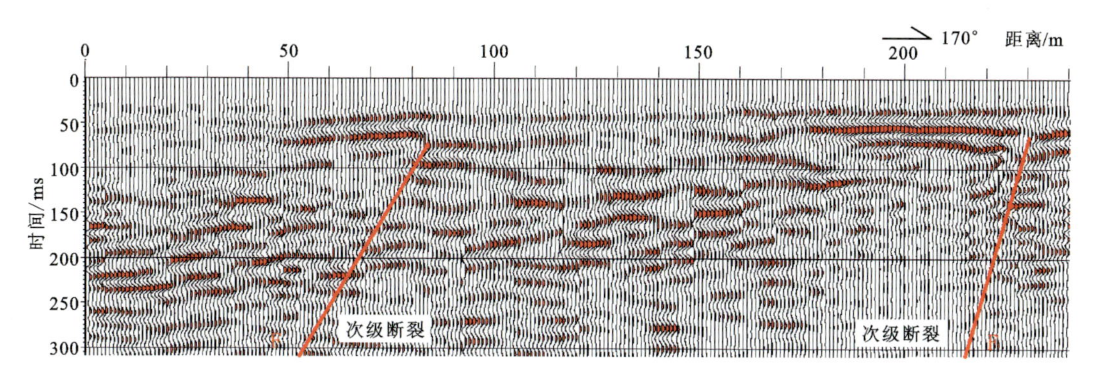

图 4.18　A 测线(0～240m)地震反射波法成果剖面图

综合高密度电法和地震反射波法探测成果资料,推测 A 测线 80m、230m 和 335m 处可能为次级断裂发育位置,断裂带分别宽约 5m、10m 和 15m,倾向分别为北西、北西和南东;560～600m 处可能为主断裂带位置,宽约 40m,倾向南东。

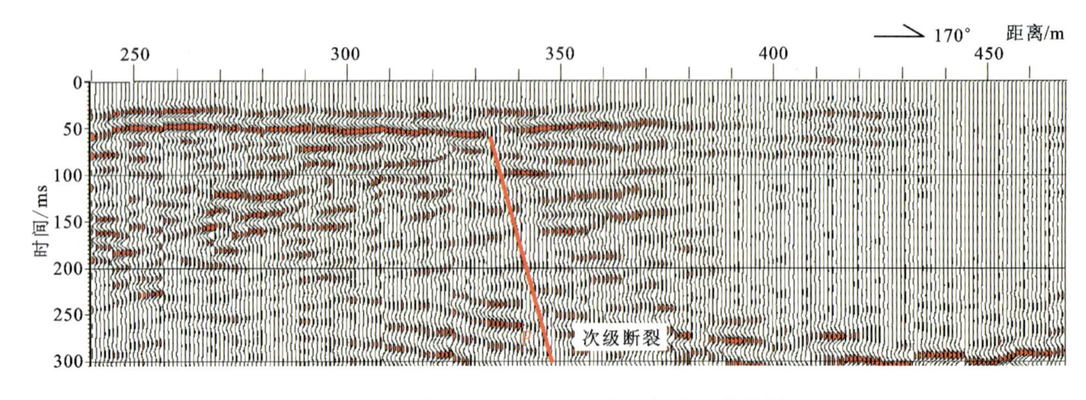

图4.19 A测线(240~470m)地震反射波法成果剖面图

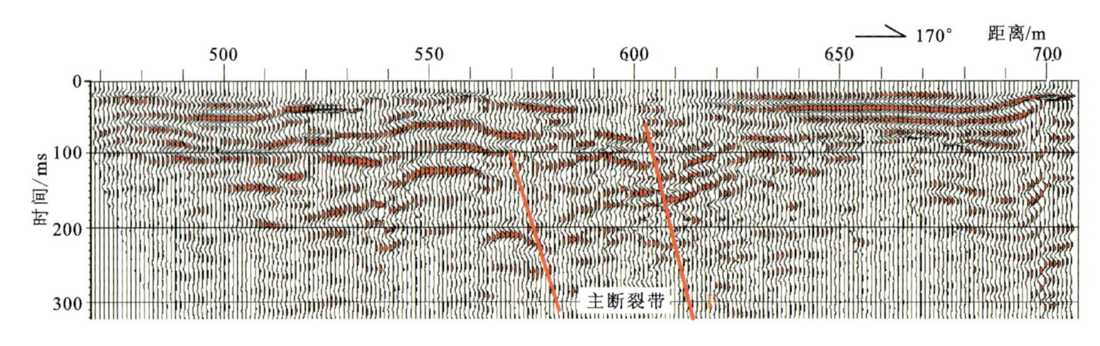

图4.20 A测线(470~708m)地震反射波法成果剖面图

二、B测线资料分析与解释推断

B测线位于苍梧县石桥镇学田村西北方向200m处，与A测线大致平行，其中B测线0~900m在柑橘地布设。测线长900m，测线方位170°，近似垂直北东向谷地。

从不同极距联合剖面曲线图(图4.21、图4.22)上看，在B测线极距为35m的曲线上，120m、830m处存在2个明显的低阻正交点；在B测线极距为65m的曲线上，115m、630m处也存在2个明显的低阻正交点。在B测线高密度电法视电阻率断面等值线图(图4.23)及二维反演模型断面等值线图(图4.24)上，在140~150m、260~270m、400~410m、540~570m和640~730m这5处均存在相对低阻异常区。其中140~150m处异常与联合剖面曲线上的低阻正交点位置相近；540~570m位于水塘，该处低阻异常应该由水塘引起；640~730m处低阻带较宽，为岩体横向变化所致。

结合野外地貌特征、B测线探测成果及联合剖面曲线低阻正交点特征，140~150m处异常位于测线西北侧的盆山界线附近，与A测线70~100m处异常相近，推测为断裂构造发育位置，破碎带宽约10m，倾向北西；推测260~270m处可能为次级断裂构造发育位置，破碎带宽约10m，倾向北西；推测400~410m处可能为次级断裂构造发育位置，破碎带宽约10m，倾向南东；推测640~730m处可能为主断裂构造发育位置，破碎带宽约40m，中心位置为700m处，倾向南东。

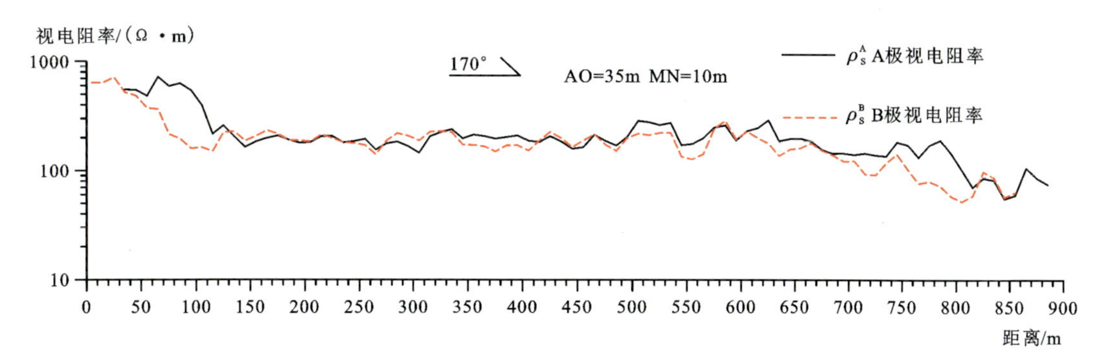

图 4.21 B测线高密度电法35m极距联合剖面曲线图

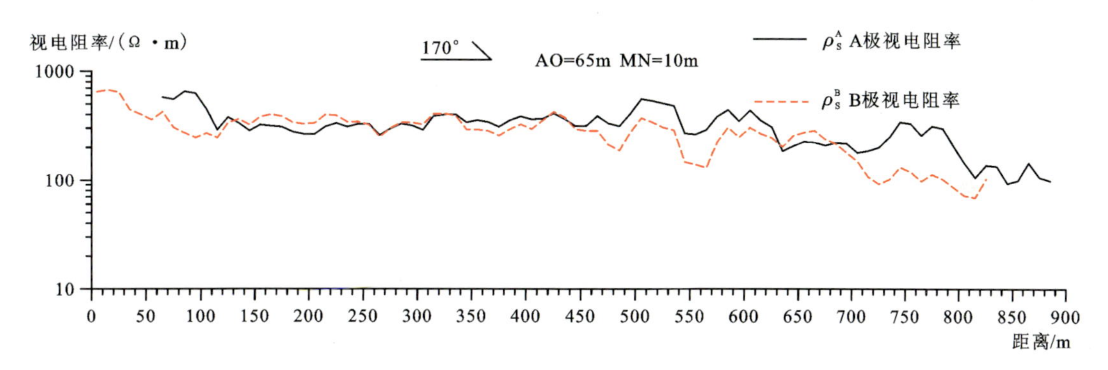

图 4.22 B测线高密度电法65m极距联合剖面曲线图

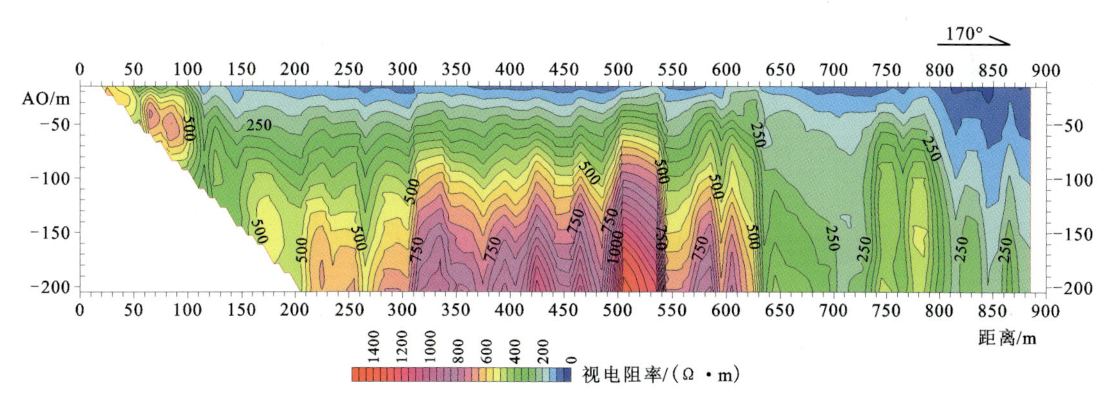

图 4.23 B测线高密度电法AMN装置视电阻率断面等值线图

三、C测线资料分析与解释推断

C测线位于苍梧县石桥镇培中村，其中C测线0～900m沿机耕路布设。测线长900m，测线方位160°，近似垂直北东向谷地。

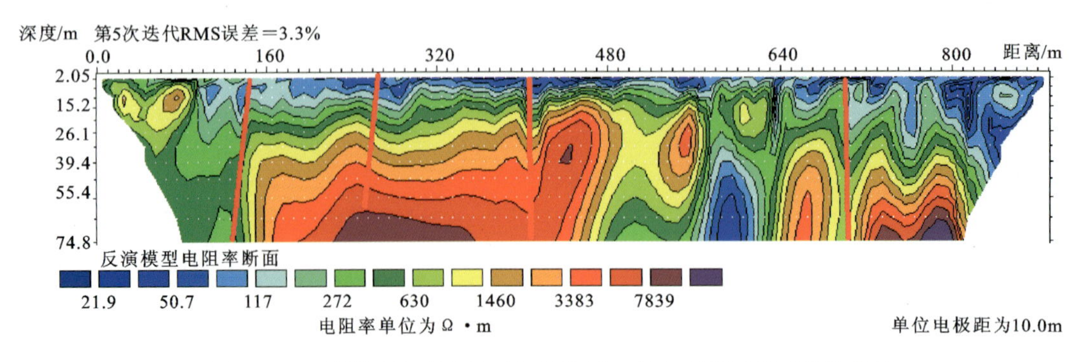

图4.24 B测线高密度电法AMN装置二维反演模型断面等值线图

从不同极距联合剖面曲线图(图4.25、图4.26)上看,在C测线极距为35m的曲线上,180m、658m处存在2个明显的低阻正交点;在C测线极距为65m的曲线上,660m处存在1个明显的低阻正交点。在C测线高密度电法视电阻率断面等值线图(图4.27)及二维反演模型断面等值线图(图4.28)上,在200~210m、310~320m、640~660m和800~810m这4处均存在相对低阻异常区,其中200~210m和640~660m处异常与联合剖面曲线上的低阻正交点位置较一致。

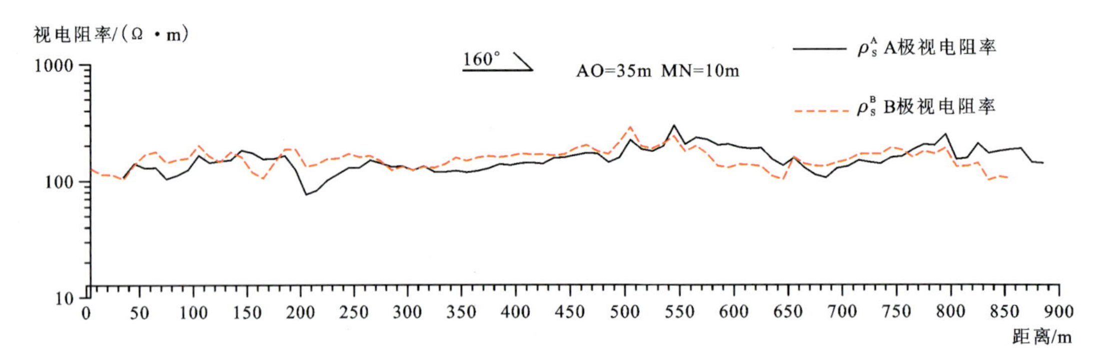

图4.25 C测线高密度电法35m极距联合剖面曲线图

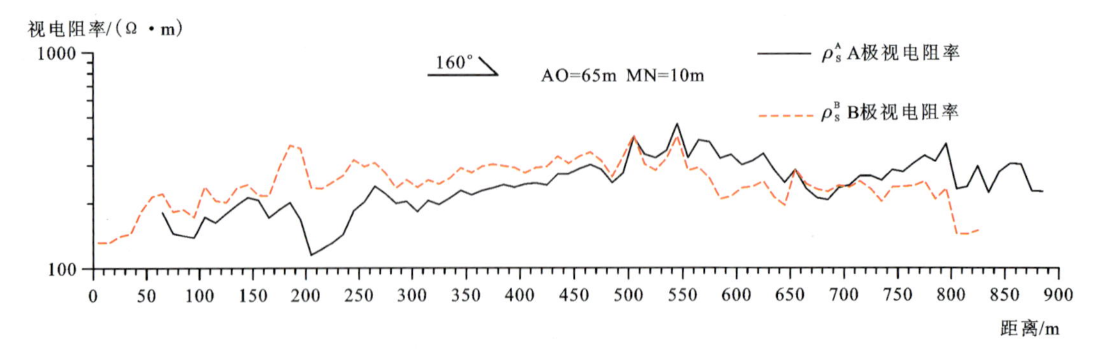

图4.26 C测线高密度电法65m极距联合剖面曲线图

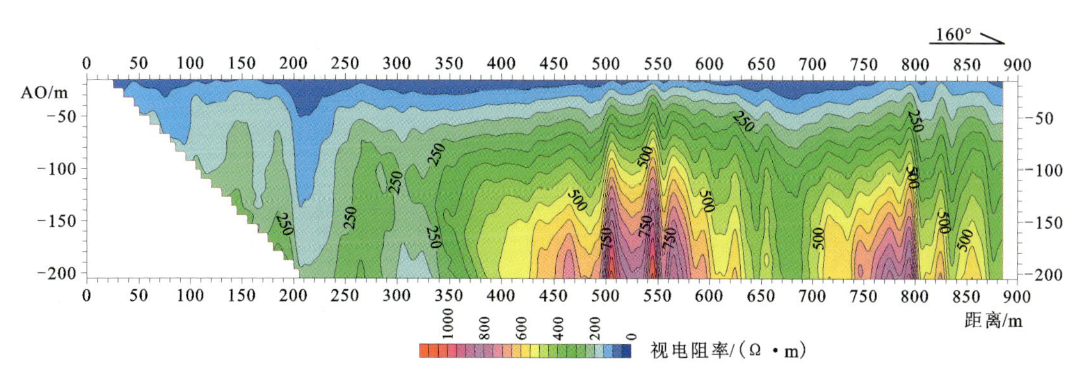

图 4.27 C 测线高密度电法 AMN 装置视电阻率断面等值线图

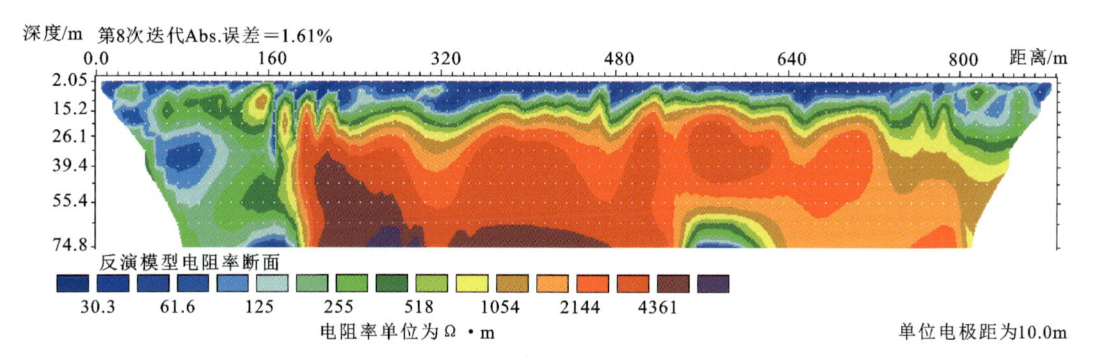

图 4.28 C 测线高密度电法 AMN 装置二维反演模型断面等值线图

在地震映像时间剖面图(图 4.29)上,在 200m 处和 315m 处地震波同相轴存在明显错断变化;在 650m 处发现地震波同相轴不连续、错断等异常。

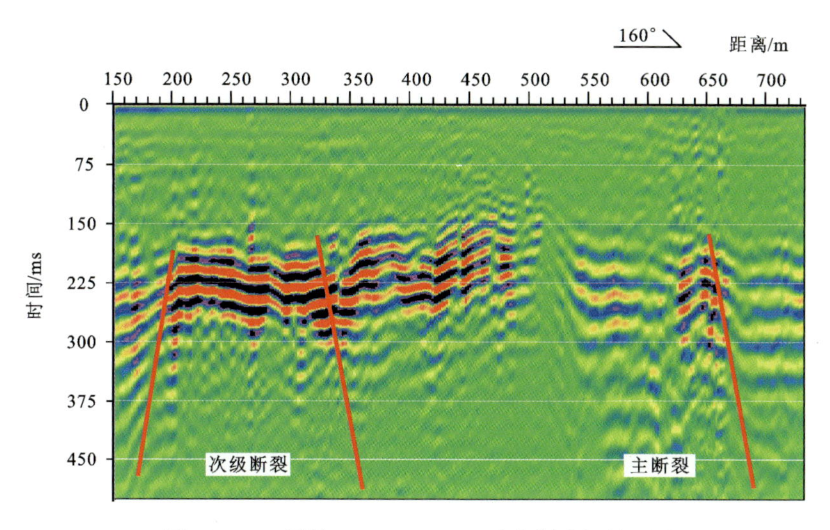

图 4.29 C 测线 150～736m 地震映像时间剖面图

综合高密度电法和地震映像资料，推测 200～210m 和 310～320m 处可能为次级断裂异常，破碎带宽约 10m，倾向未明；640～660m 处异常可能为主断裂位置，破碎带宽约 20m，倾向南东。以上 3 个异常位置，其异常中心位置置信度由大到小依次为 650m、205m 和 315m 处。

四、D 测线资料分析与解释推断

D 测线位于苍梧县石桥镇培中村，与 C 测线大致平行，相距约 250m，其中 D 测线 0～900m 沿机耕路布设。测线长 900m，测线方位 177°，近似垂直北东向谷地。

从不同极距联合剖面曲线图(图 4.30、图 4.31)上看，在 D 测线极距为 35m 的曲线上，80m 处存在 1 个低阻正交点；在 D 测线极距为 65m 的曲线上，80m 处也存在 1 个低阻正交点。在 D 测线高密度电法视电阻率断面等值线图(图 4.32)及二维反演模型断面等值线图(图 4.33)上，在 170～180m、260～270m 和 590～610m 这 3 处均存在相对低阻异常区。

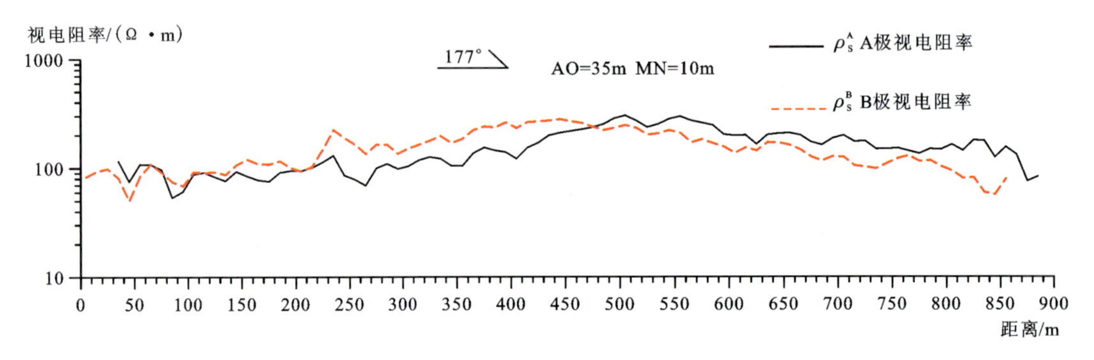

图 4.30　D 测线高密度电法 35m 极距联合剖面曲线图

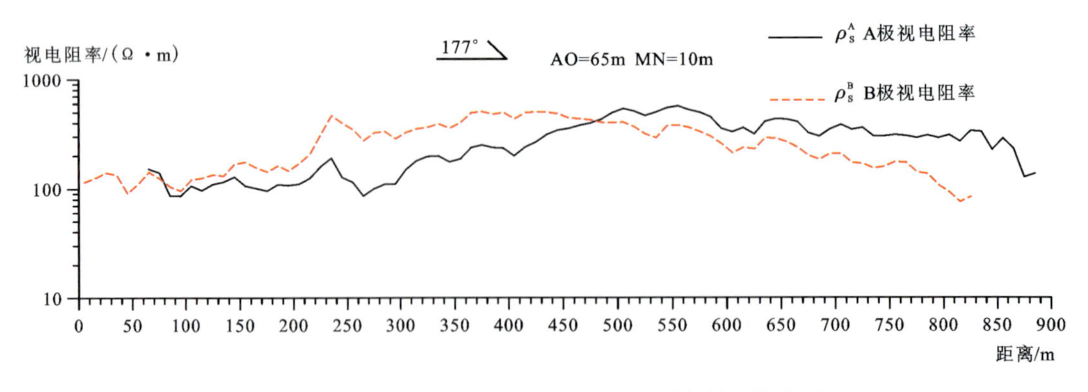

图 4.31　D 测线高密度电法 65m 极距联合剖面曲线图

从地震映像时间剖面图(图 4.34)上看，80m 处未见地震波同相轴变化异常；在 175m 处和 265m 处均发现地震波同相轴不连续、错断等异常；在 600m 处面波同相轴明显下凹，波组数较多。

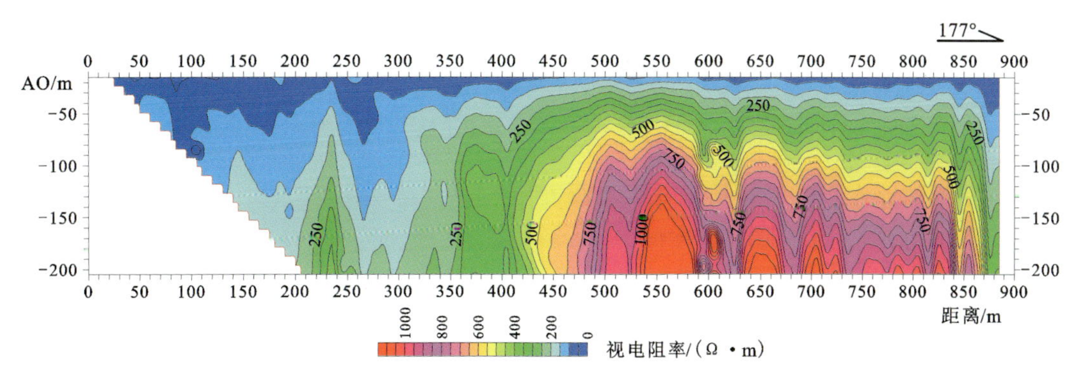

图 4.32　D 测线高密度电法 AMN 装置视电阻率断面等值线图

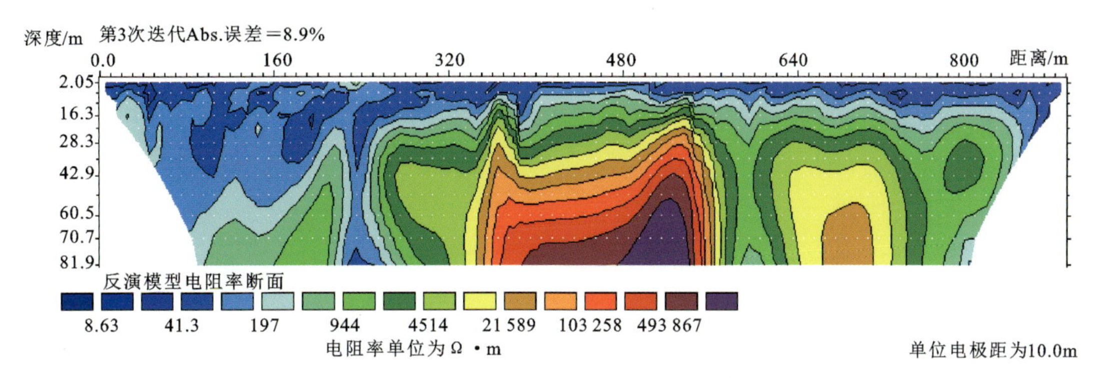

图 4.33　D 测线高密度电法 AMN 装置二维反演模型断面等值线图

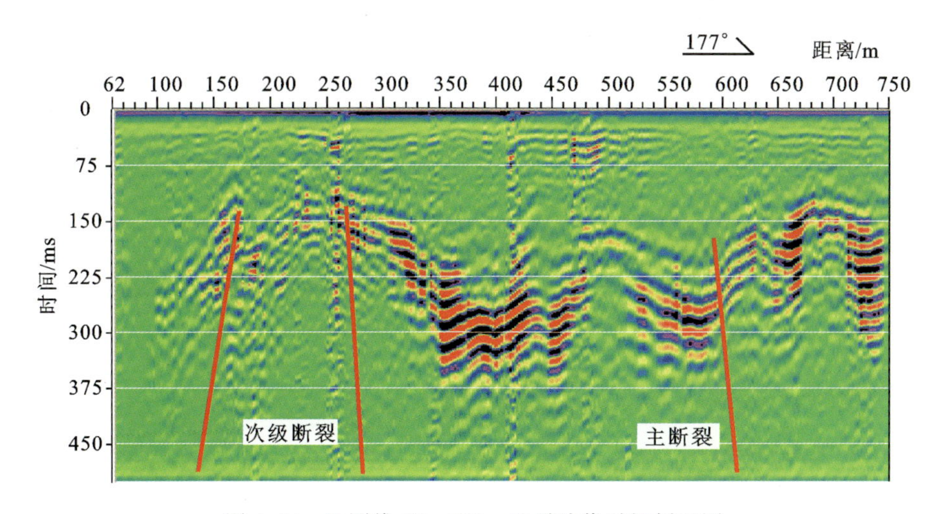

图 4.34　D 测线 62～760m 地震映像时间剖面图

综合高密度电法和地震映像资料，并结合 C 测线的物探异常结果，推测 170～180m 和 260～270m 处异常可能为次级断裂所致，破碎带宽约 10m，倾向未明；590～610m 处异常可能为主断裂所致，破碎带宽约 20m，倾向南东。以上 3 个异常位置，其异常中心位置置信度由大到小依次为 265m、175m 和 600m 处。

五、E 测线资料分析与解释推断

E 测线位于苍梧县石桥镇龙科村，与东安江大致平行，相距约 100m，其中 E 测线 0～460m沿机耕路布设。测线长 460m，测线方位 164°。

从不同极距联合剖面曲线图（图 4.35、图 4.36）上看，在 E 测线极距为 35m 的曲线上，75m、130m 和 315m 处存在 3 个低阻正交点；在 E 测线极距为 65m 的曲线上，80m 处存在 1 个明显低阻正交点，175m 和 300m 处似乎也各存在一个不太明显的低阻正交点。在 E 测线高密度电法视电阻率断面等值线图（图 4.37）及二维反演模型断面等值线图（图 4.38）上，相对低阻异常区不明显，图上出现的串珠状相对低阻区应该是地下水所在位置，埋深在 5～26m之间。从地震反射波法成果剖面图（图 4.39、图 4.40）上看，该测线基岩未见明显错断，由此推测该测线可能未捕捉到目标断裂。

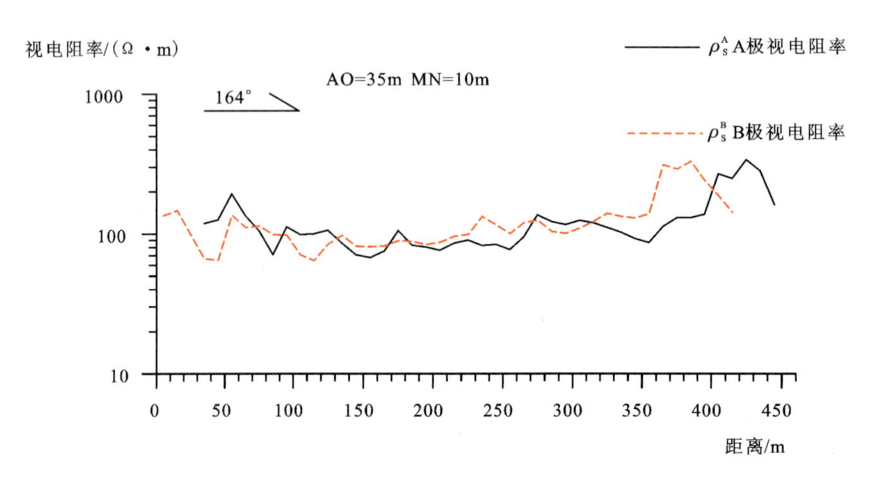

图 4.35　E 测线高密度电法 35m 极距联合剖面曲线图

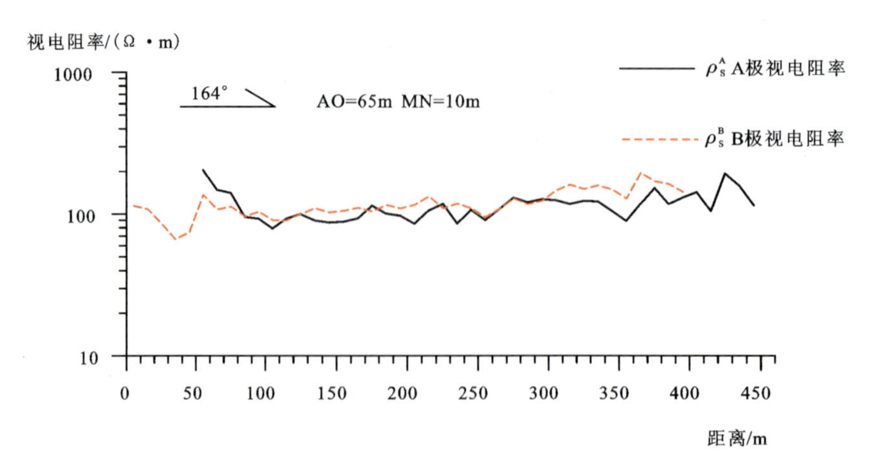

图 4.36　E 测线高密度电法 65m 极距联合剖面曲线图

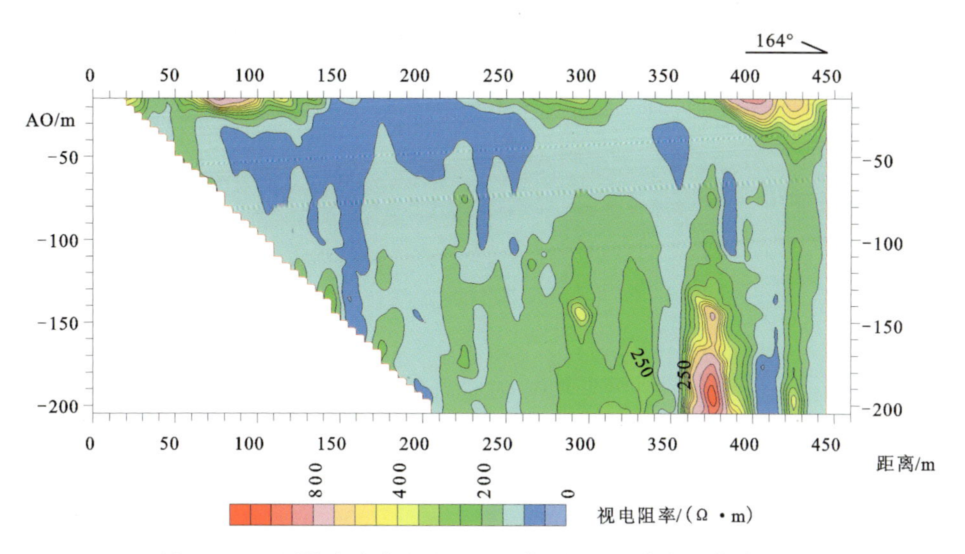

图 4.37 E 测线高密度电法 AMN 装置视电阻率断面等值线图

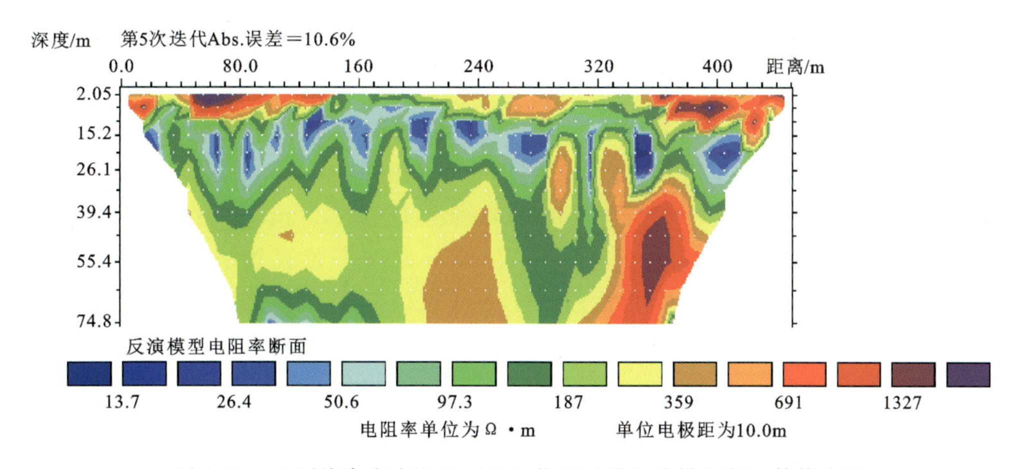

图 4.38 E 测线高密度电法 AMN 装置二维反演模型断面等值线图

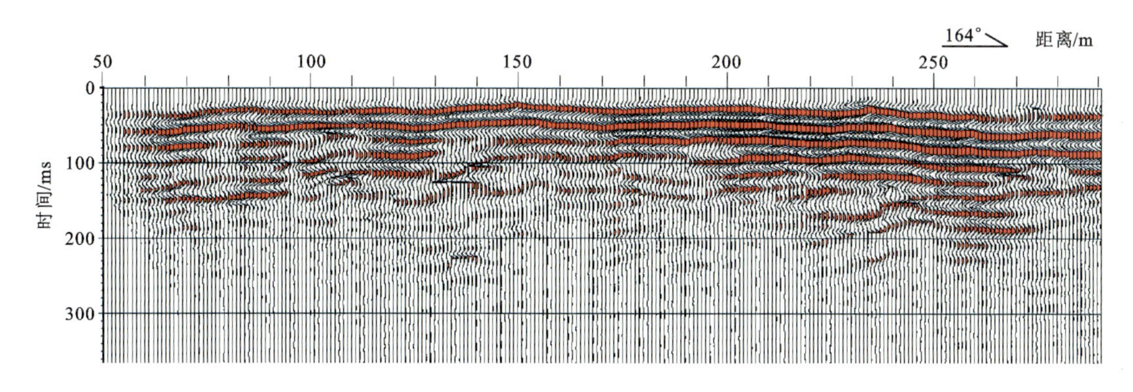

图 4.39 E 测线(50～290m)地震反射波法成果剖面图

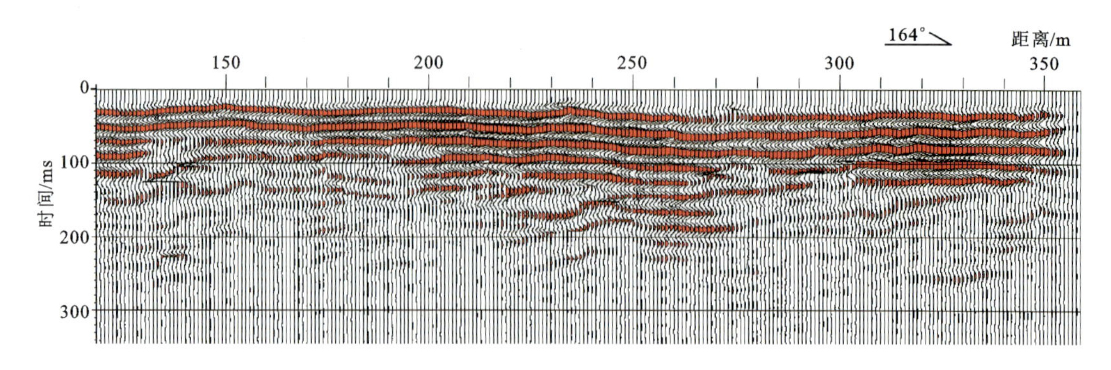

图4.40 E测线(150～350m)地震反射波法成果剖面图

六、F测线资料分析与解释推断

F测线位于苍梧县仁义镇新聊村东南方向700m处，测线0～600m沿简易公路布设。测线长600m，测线方位137°。

从不同极距联合剖面曲线图(图4.41、图4.42)上看，在F测线极距为35m的曲线上，185m、510m处存在2个低阻正交点；在F测线极距为55m的曲线上，195m和510m处也存在2个低阻正交点。在F测线高密度电法视电阻率断面等值线图(图4.43)及二维反演模型断面等值线图(图4.44)上，在190～200m、300～320m和510～520m这3处均存在相对低阻异常区，其中190～200m处异常与联合剖面曲线上185m、195m处的低阻正交点位置较相近，推测同属一个异常。以上3个异常位置，其异常中心位置置信度由大到小依次为195m、515m和310m处。根据联合剖面曲线上的低阻正交点位置变化判断，190～200m处异常构造倾向测线大号点方向，即南东方向，破碎带宽约10m；510～520m处异常构造倾向陡立，破碎带宽约10m。

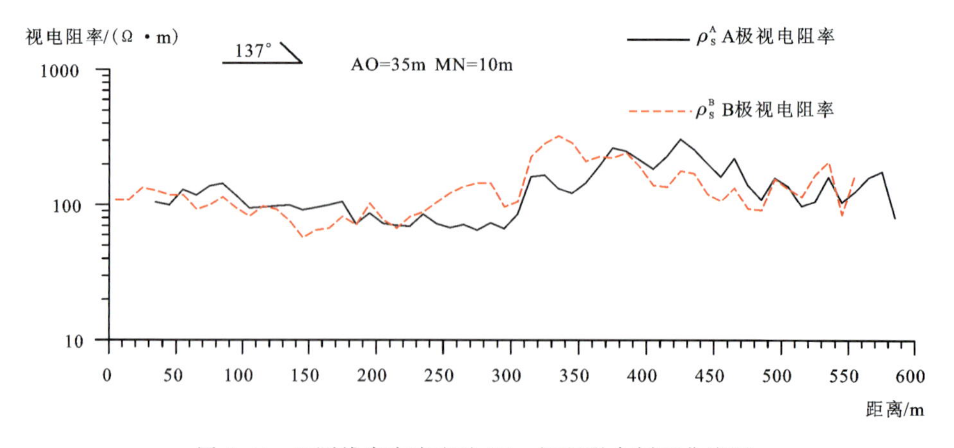

图4.41 F测线高密度电法35m极距联合剖面曲线图

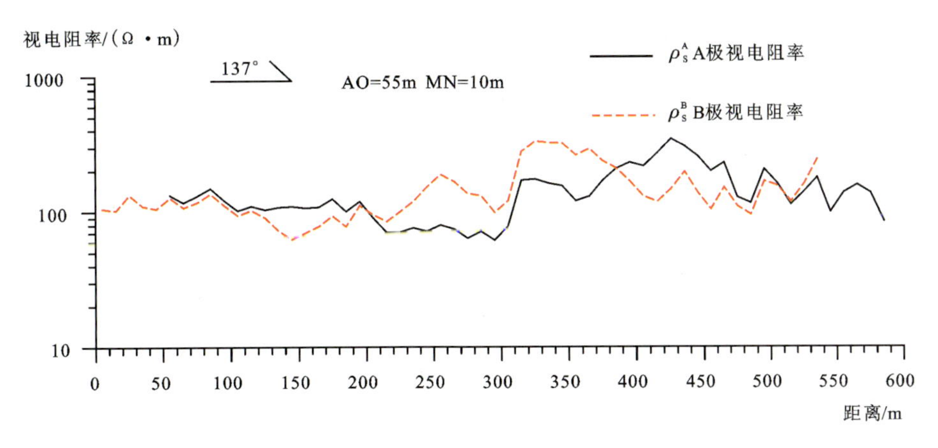

图 4.42　F 测线高密度电法 55m 极距联合剖面曲线图

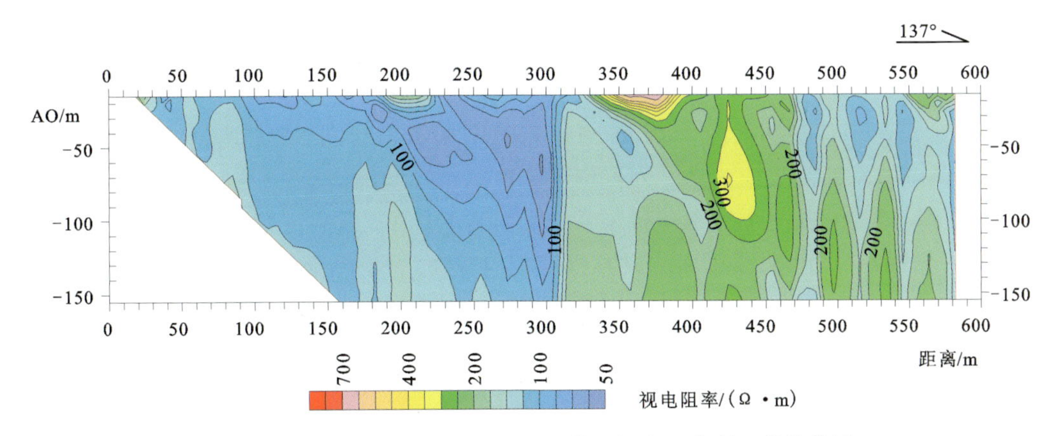

图 4.43　F 测线高密度电法 AMN 装置视电阻率断面等值线图

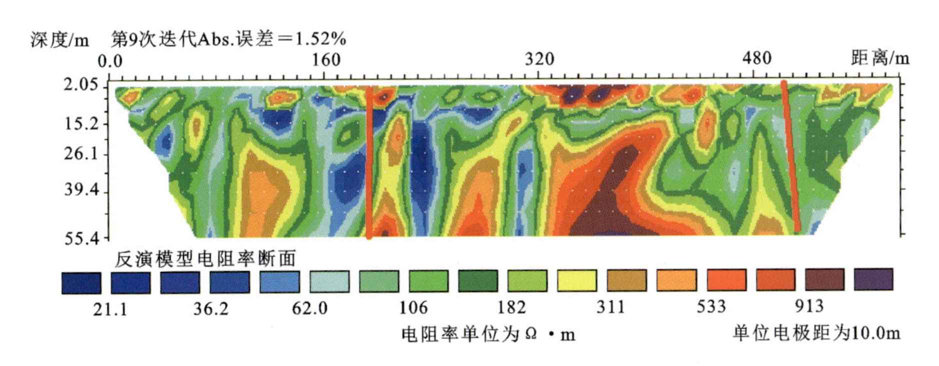

图 4.44　F 测线高密度电法 AMN 装置二维反演模型断面等值线图

从不同极距联合剖面曲线图上看，310m 处应该是岩性分界面位置。

如上所述，通过对各条物探测线高密度电法、地震反射波法和地震映像法探测成果资料进行总体分析和总结，并结合野外地震地质调查剖面出露情况以及原始地形地貌发育特征，初步得到以下结论。

(1)推测 A 测线 80m、230m 和 335m 处可能为次级断裂发育位置,断裂带分别宽约 5m、10m 和 15m,倾向分别为北西、北西和南东;560~600m 处可能为主断裂带位置,宽约 40m,倾向南东。

(2)推测 B 测线 140~150m 处为次级断裂构造发育位置,破碎带宽约 10m,倾向北西;260~270m 处可能为次级断裂构造发育位置,破碎带宽约 10m,倾向北西;400~410m 处可能为次级断裂构造发育位置,破碎带宽约 10m,倾向南东;640~730m 处可能为主断裂构造发育位置,破碎带宽约 40m,中心位置为 700m 处,倾向南东。

(3)推测 C 测线 200~210m 和 310~320m 处可能为次级断裂构造发育位置,破碎带宽约 10m,倾向未明;640~660m 处可能为主断裂位置,破碎带宽约 20m,倾向南东。

(4)推测 D 测线 170~180m 和 260~270m 处异常可能为次级断裂所致,破碎带宽约 10m,倾向未明;590~610m 处异常可能为主断裂所致,破碎带宽约 20m,倾向南东。

(5)推测 F 测线 190~200m 处为断裂异常,构造倾向测线大号点方向,即南东方向,破碎带宽约 10m;510~520m 处为断裂异常,异常构造倾向陡立,破碎带宽约 10m;310m 处应该是岩性分界面位置。

(6)从地震反射波法剖面图上看,E 测线基岩未见明显错断,推测该测线可能未捕捉到目标断裂。

(7)从 A、B、C 和 D 测线异常位置来看,西北侧的盆山界线附近物探异常发育位置较近,可能为同一组断裂构造;测线东南侧异常幅度范围较宽,可能为该线性谷地的主断裂位置。

(8)从卫星影像上看,C 和 D 测线位于广西苍梧新县城培中盆地内。从这 2 条测线地震剖面异常特征的相似性和位置的对应性来看,测线中部地震波同相轴呈凹陷性发育,断裂发育特征揭示可能存在一个小型地堑,该盆地可能为拉分盆地。

第三节　物探异常钻孔验证

为了进一步验证物探成果的可靠性,在培中村 D 测线物探异常点位置布设了 5 个验证钻孔:ZK1(D 测线 315m 处)、ZK2(D 测线 340m 处)、ZK3(D 测线 360m 处)、ZK4(D 测线 265m 处)和 ZK5(D 测线 288m 处),5 个钻孔柱状图见图 4.45~图 4.49。现将 5 个钻孔的岩土层综合情况描述如下:

(1)耕土①(Qh^{pd}):灰黑色、黑色,主要由黏性土组成,含有植物根系。

(2)黏土②(Qp_3^{el}):黄色、红褐色,硬塑状,主要由黏性土组成,含粉砂质黏土,夹少量黄白色黏土。

(3)黏土③(Qp_3^{el}):黄色、灰色,软塑状,主要由黏性土组成,含粉砂质。

(4)灰岩④(D):灰色、灰黑色,隐晶质结构,岩芯碎块状—柱状,裂隙发育,有少量方解石充填,部分有断裂发育。

(5)溶洞⑤:灰色软塑状黏土充填。

工程名称	梧州		
钻孔编号	ZK1	经纬度/(°)	N=24.47177
孔口高程/m	57.00		E=111.88613

时代成因	地层编号	层底深度/m	分层厚度/m	柱状图 1:100	岩土名称及其特征
Qh	①	0.30	0.30		耕土:黑色，主要由黏性土组成，含有植物根系
Qp_3	②	6.00	5.70		黏土:黄色、红褐色，硬塑状，主要由黏性土组成，含粉砂质黏土，夹少量黄白色黏土
	③	7.40	1.40		黏土:黄色、灰色，软塑状，主要由黏性土组成，含粉砂质
D	④	9.00	1.60		灰岩：灰色，隐晶质结构，岩芯呈碎块状，8.4m处，有断裂发育，倾角69°，裂隙发育，8.6m处有溶蚀现象
	⑤	16.10	7.10		溶洞:灰色软塑状黏土充填
	④	18.30	2.20		灰岩:灰色、灰黑色，隐晶质结构，岩芯碎块状—柱状，裂隙发育，有少量方解石充填，部分有断裂发育

图 4.45 ZK1 钻孔柱状图

工程名称	梧州		
钻孔编号	ZK2	经纬度/(°)	N=24.47119
孔口高程/m	57.00		E=111.88620

时代成因	地层编号	层底深度/m	分层厚度/m	柱状图 1:100	岩土名称及其特征
Qh	①	0.80	0.80		耕土:黑色，主要由黏性土组成，含有植物根系
Qp_3	②	4.00	3.20		黏土:黄色、红褐色，硬塑状，主要由黏性土组成，含粉砂质黏土，夹少量黄白色黏土
	③	5.30	1.30		黏土:黄色、灰色，软塑状，主要由黏性土组成，含粉砂质
D	④	5.60	0.30		灰岩:灰色、灰黑色，隐晶质结构，岩芯碎块状—柱状，裂隙发育，有少量方解石充填，部分有断裂发育
	⑤	7.10	1.50		溶洞:灰色软塑状黏土充填
	④	7.20	0.10		灰岩:灰色、灰黑色，隐晶质结构，岩芯碎块状—柱状，裂隙发育，有少量方解石充填，部分有断裂发育
	⑤	8.90	1.70		溶洞:灰色软塑状黏土充填
	④	9.00	0.10		灰岩:灰色、灰黑色，隐晶质结构，岩芯碎块状—柱状，裂隙发育，有少量方解石充填，部分有断裂发育
	⑤	12.90	3.90		溶洞:灰色软塑状黏土充填
	④	19.00	6.10		灰岩:灰色、灰黑色，隐晶质结构，岩芯碎块状—柱状，裂隙发育，有少量方解石充填，部分有断裂发育

图 4.46　ZK2 钻孔柱状图

工程名称	梧州				
钻孔编号	ZK3			经纬度/(°)	N=24.47066
孔口高程/m	57.00				E=111.88619
时代成因	地层编号	层底深度/m	分层厚度/m	柱状图 1:100	岩土名称及其特征
Qh	①	1.00	1.00		耕土:灰黑、黑色，主要由黏性土组成，含有植物根系
Qp_3	②	2.60	1.60		黏土:黄色、红褐色，硬塑状，主要由黏性土组成，含粉砂质黏土，夹少量黄白色黏土
	③	6.40	3.80		黏土:黄色、灰色，软塑状，主要由黏性土组成，含粉砂质
D	④	7.90	1.50		灰岩:灰色、灰黑色，隐晶质结构，岩芯碎块状—柱状，裂隙发育，有少量方解石充填，部分有断裂发育
	⑤	12.40	4.50		溶洞:灰色软塑状黏土充填
	④	18.70	6.30		灰岩:灰色、灰黑色，隐晶质结构，岩芯碎块状—柱状，裂隙发育，有少量方解石充填，部分有断裂发育

图 4.47　ZK3 钻孔柱状图

工程名称	梧州		
钻孔编号	ZK4	经纬度/(°)	N=24.47304
孔口高程/m	57.00		E=111.88605

时代成因	地层编号	层底深度/m	分层厚度/m	柱状图 1:150	岩土名称及其特征
Qh	①	0.50	0.50		耕土:灰黑色、黑色，主要由黏性土组成，含有植物根系
Qp_3	②	4.70	4.20		黏土:黄色、红褐色，硬塑状，主要由黏性土组成，含粉砂质黏土，夹少量黄白色黏土
	③	8.60	3.90		黏土:黄色、灰色，软塑状，主要由黏性土组成，含粉砂质
D	④	9.90	1.30		灰岩:灰色、灰黑色，隐晶质结构，岩芯碎块状—柱状，裂隙发育，有少量方解石充填，部分有断裂发育
	⑤	11.10	1.20		溶洞:灰色软塑状黏土充填
	④	11.40	0.30		灰岩: 灰黑色，隐晶质结构，岩芯呈长柱状，裂隙发育，其中12.0～12.3m处有断裂现象，错断裂隙中的方解石脉，倾角67°
	⑤	11.60	0.20		溶洞:灰色软塑状黏土充填
	④	14.00	2.40		灰岩:灰色、灰黑色，隐晶质结构，岩芯碎块状—柱状，裂隙发育，有少量方解石充填，部分有断裂发育
	⑤	21.00	7.00		溶洞:灰色软塑状黏土充填
	④	21.30	0.30		灰岩:灰色、灰黑色，隐晶质结构，岩芯碎块状—柱状，裂隙发育，有少量方解石充填，部分有断裂发育

图4.48 ZK4钻孔柱状图

工程名称	梧州		
钻孔编号	ZK5	经纬度/(°)	N=24.47249
孔口高程/m	57.00		E=111.88617

时代成因	地层编号	层底深度/m	分层厚度/m	柱状图 1:100	岩土名称及其特征
Qh	①	0.40	0.40		耕土:灰黑色、黑色，主要由黏性土组成，含有植物根系
Qp_3	②	4.70	4.30		黏土:黄色、红褐色，硬塑状，主要由黏性土组成，含粉砂质黏土，夹少量黄白色黏土
Qp_3	③	7.30	2.60		黏土:黄色、灰色，软塑状，主要由黏性土组成，含粉砂质
Qp_3	④	7.40	0.10		灰岩:灰色、灰黑色，隐晶质结构，岩芯碎块状—柱状，裂隙发育，有少量方解石充填，部分有断裂发育
D	⑤	7.90	0.50		溶洞:灰色软塑状黏土充填
D	④	8.00	0.10		石灰岩:灰色、灰黑色，隐晶质结构，岩芯碎块状—柱状，裂隙发育，有少量方解石充填，部分有断裂发育
D	⑤	14.10	6.10		溶洞:灰色软塑状黏土充填
D	④	19.20	5.10		灰岩:灰色、灰黑色，隐晶质结构，岩芯碎块状—柱状，裂隙发育，有少量方解石充填，部分有断裂发育

图 4.49　ZK5 钻孔柱状图

从物探异常验证钻孔联合剖面图(图4.50)上看,ZK4和ZK5的基岩为灰岩,岩芯中多见小断面,局部可见构造角砾岩,说明这两个钻孔之间发育有断层。同时,从ZK4和ZK5之间的溶洞高度、层数和土层厚度等方面看,二者存在明显差异,尤其是ZK4溶洞层数多,ZK5溶洞层数少,且ZK4溶洞顶板和底板高度比ZK5低,ZK4和ZK5之上的土层厚度也是有差别的,说明ZK4和ZK5之间的断层在晚第四纪以来有一定的活动性,邻近探槽(CWTC01)开挖也证实了这一点。

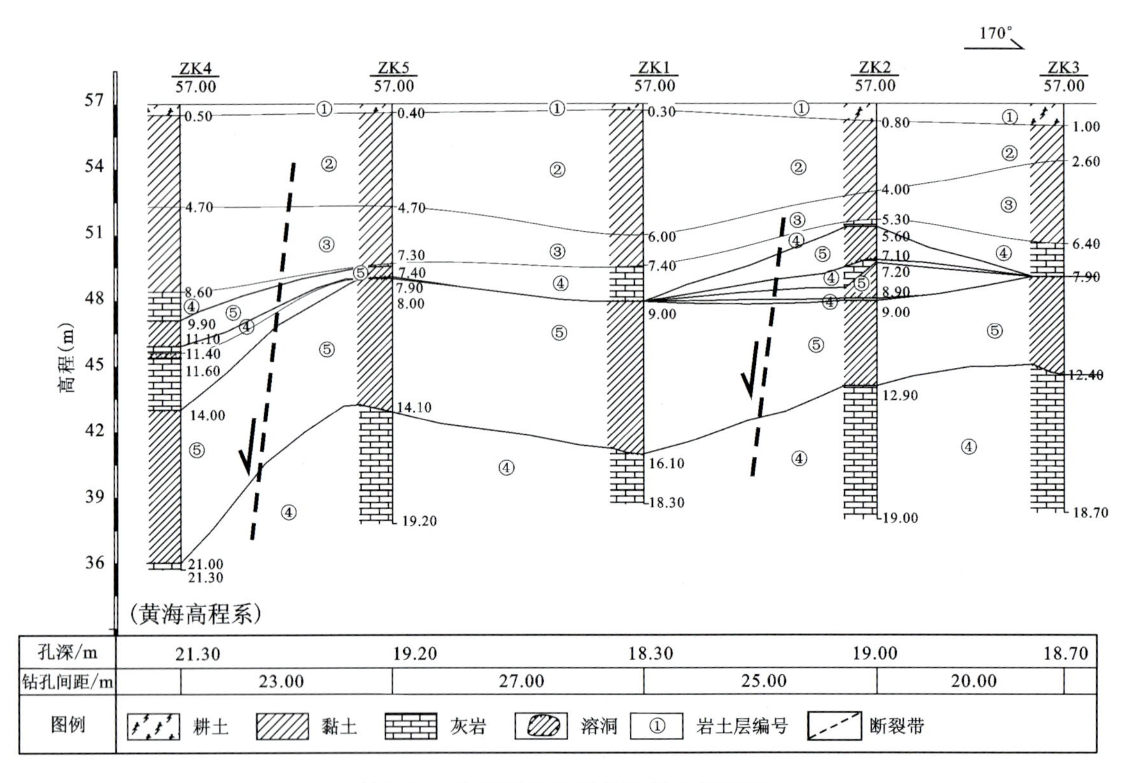

图4.50 物探异常验证钻孔联合剖面图

第四节 槽 探

为了进一步验证物探成果的可靠性,在物探异常点位置布设了6个探槽,现将6个探槽开挖情况和结果描述如下。

探槽01(CWTC01)

探槽01位于石桥镇培中村西南206°方向476m处稻田中(111°31′18.8741″E,23°53′06.8593″N),长18m,宽2m,深1.5~2m。从下到上分为5个地层单元(图4.51)。

层①:耕植土,灰黑色,厚30~50cm。

层②:含黏土砾石层,砾石大小0.5~2cm。

层③:褐黄色铁质浸染黏土,砾石较少,厚约40cm,呈透镜状。

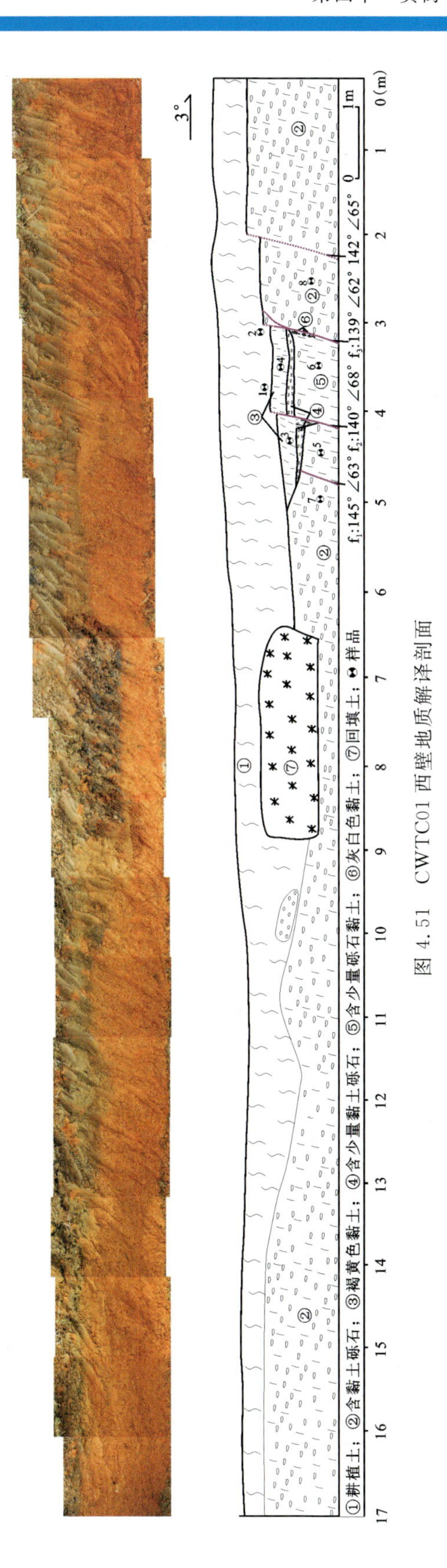

图 4.51　CWTC01 西壁地质解译剖面

层④：含少量黏土砾石标志层，砾石含量高，厚约15cm。

层⑤：含少量砾石黏土，砾石含量比层③略高。

层⑥：灰白色黏土，沿断层面裂隙充填。

层⑦：回填土。

从图4.51中可以看出，CWTC01西壁剖面揭露了至少3条错断第四纪地层单元的断层，分别为f_1、f_2、f_3。

f_1：该断层位于探槽4.8m附近（图4.51、图4.52），左地层为层②，右地层为层⑤，两者呈断层接触，断层面清晰平直，产状145°∠63°。断层未错动层③砾石层。根据地层错动情况，该断层与f_3应由层③堆积之前的一次正断构造事件形成。

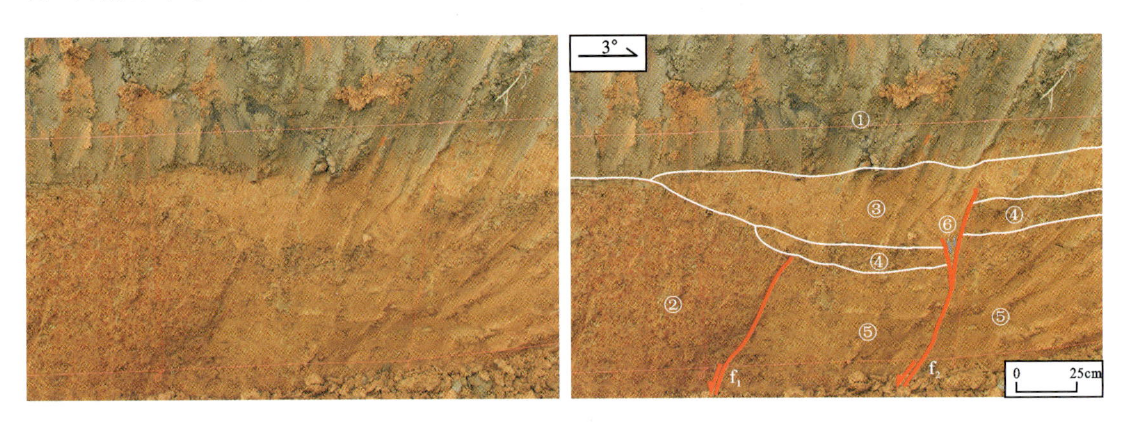

图4.52 断层f_1、f_2局部地质解译图

f_2：该断层位于探槽4m附近（图4.53），产状140°∠68°，断层错动层⑤、层④，根据层④错动情况，可判断该断层为正断性质。在断层面上还可见充填进断层带的层③，局部发育有充填灰白色黏土的张裂隙。该断层错动层④标志层的垂直断距为15～20cm，为一次构造事件形成，该事件对层③下部地层有扰动，但对层③上部地层未有扰动，说明本次事件发生在层③堆积之前。

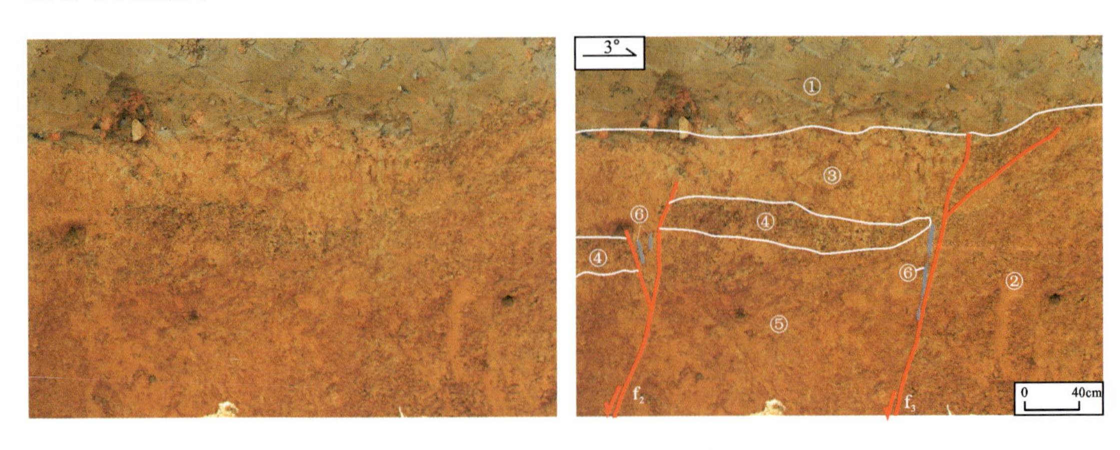

图4.53 断层f_2、f_3局部地质解译图

f_3:该断层位于探槽3m处(图4.53),产状139°∠62°。断层两侧地层分界明显,左边从下往上依次为层⑤、层④、层③,右边为层②。在断面附近土层中可见断续的垂直张裂缝,充填有灰白色黏土(层⑥)。

根据CWTC03揭露的地层情况,沿CWTC01长轴方向向北延伸10m左右形成如图4.54所示的综合剖面。图4.54揭露出基岩泥岩层⑥与层②的接触界线,在接触界线地表处发育高30～50cm的陡坎,推断此处存在断层。

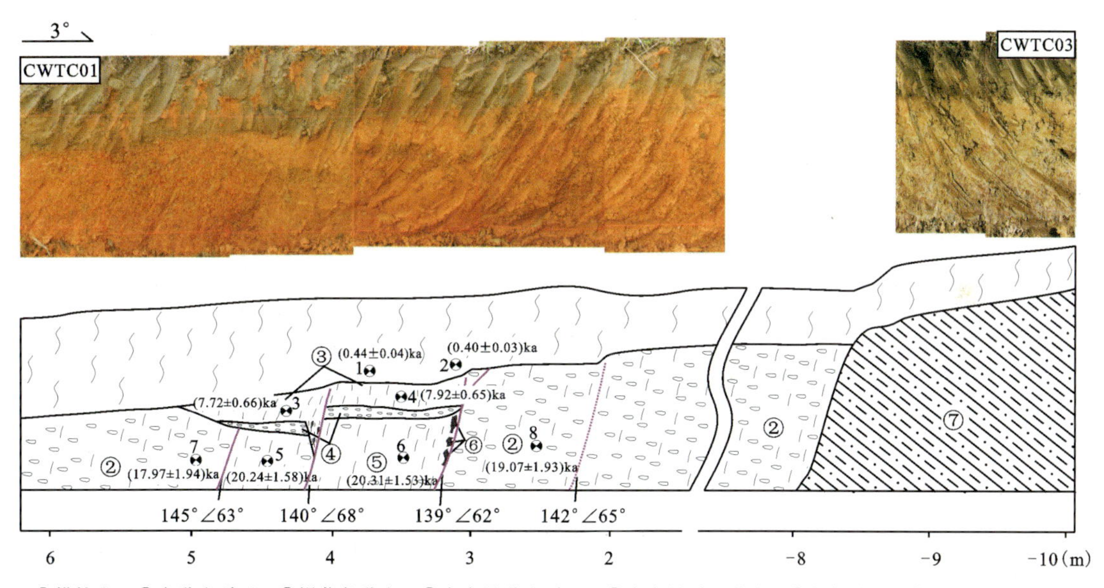

图4.54 CWTC01延长剖面图

探槽02(CWTC02)

探槽位于石桥镇龙科村东南167°方向337m处公路旁(111°32′25.9334″E,23°54′40.6767″N),长11m,宽2m,深2.5～3m。从下到上分为7个地层单元(图4.55)。

层①:回填土,主要为砖瓦等。

层②:耕植土,灰黑色。

层③:黄褐色河漫滩相粉砂质黏土。

层④:Ⅱ级阶地砾石层,整体呈黄褐色,砾石大多呈扁平状,扁平面倾向现代河床,长2～10cm,局部可见15cm大小的砾石。砾石间充填中粗砂。

层⑤:Ⅱ级阶地砾石层,整体呈黑色,砾石大多呈扁平状,扁平面倾向现代河床,长2～10cm,局部可见扰动痕迹,黑色标志砾石层被错断,上部黄褐色砾石层向下嵌入,形成楔形,嵌入的砾石扁平面长轴有转动。

层⑥:Ⅱ级阶地砾石层,整体呈棕黄色,砾石大多呈扁平状,扁平面倾向现代河床,长2～6cm,砾石间充填中粗砂。

层⑦:土黄色黏土,含中细砂,呈透镜状。

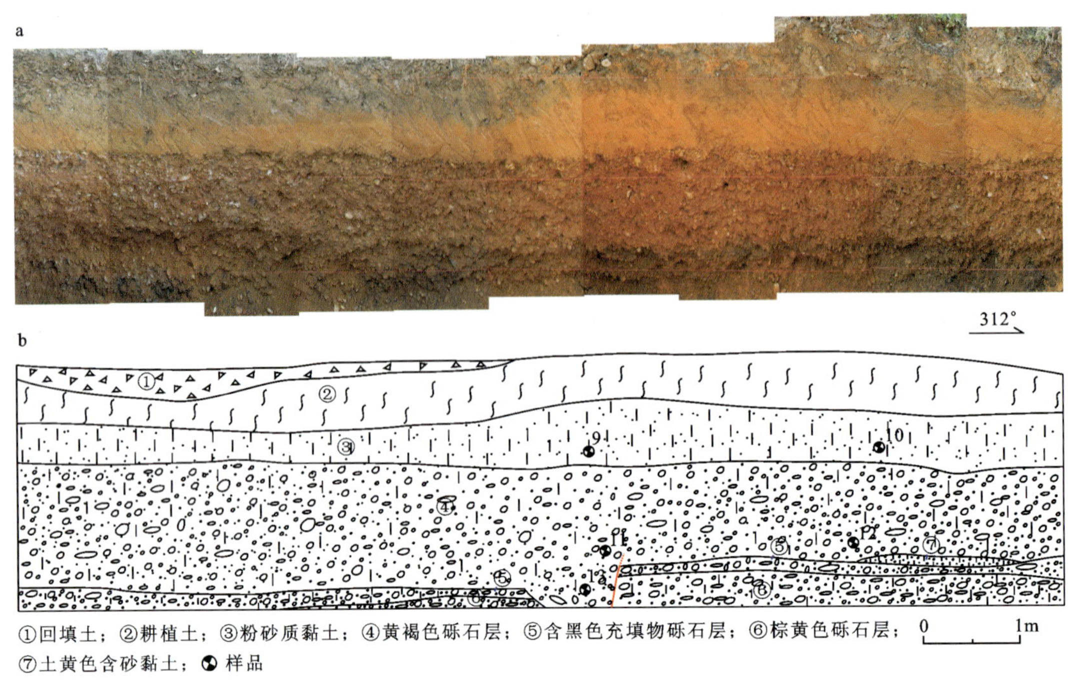

图4.55 CWTC02东壁地质解译剖面图

探槽03(CWTC03)

CWTC03位于CWTC01北东(15°)方向约30m处，长约14m，宽1.5m，深2m。东、西两壁揭露的地质情况类似，下面以东壁(图4.56)为例介绍该探槽。

层①：棕褐色耕植土。

层②：黄褐—红褐色似网纹状黏土。

层③：灰白色黏土。

层④：灰紫色强风化泥岩。

主断面发育在探槽北侧，产状318°∠42°，正断性质，其上盘的层②和层③较下盘对应层颜色更深，断面附近断层物质已固结，据此推测断层两盘地层颜色差异应为断面两侧不同岩性地层差异风化所致。产状118°∠82°断面形态上宽下窄，内部断层物质已固结，其顶部层①呈缓下凹形态，推测为地下水沿此断面运移所致。产状116°∠32°断面附近断层物质已固结。

探槽04(CWTC04)

探槽地理位置：沙头镇沙头村务冲屯东58°方向350m处。

探槽经纬度：111°55′39.21″E，23°94′38.51″N。

分层描述(图4.57)：

层①：耕植土，灰黑色，厚0.25～0.55m不等，主要成分为耕植土，含少量细砂、砾石。

层②：卵石夹黏土层，红棕色，厚0.5～1.3m不等，主要成分为黏性土，夹卵石，磨圆度好，分选差。

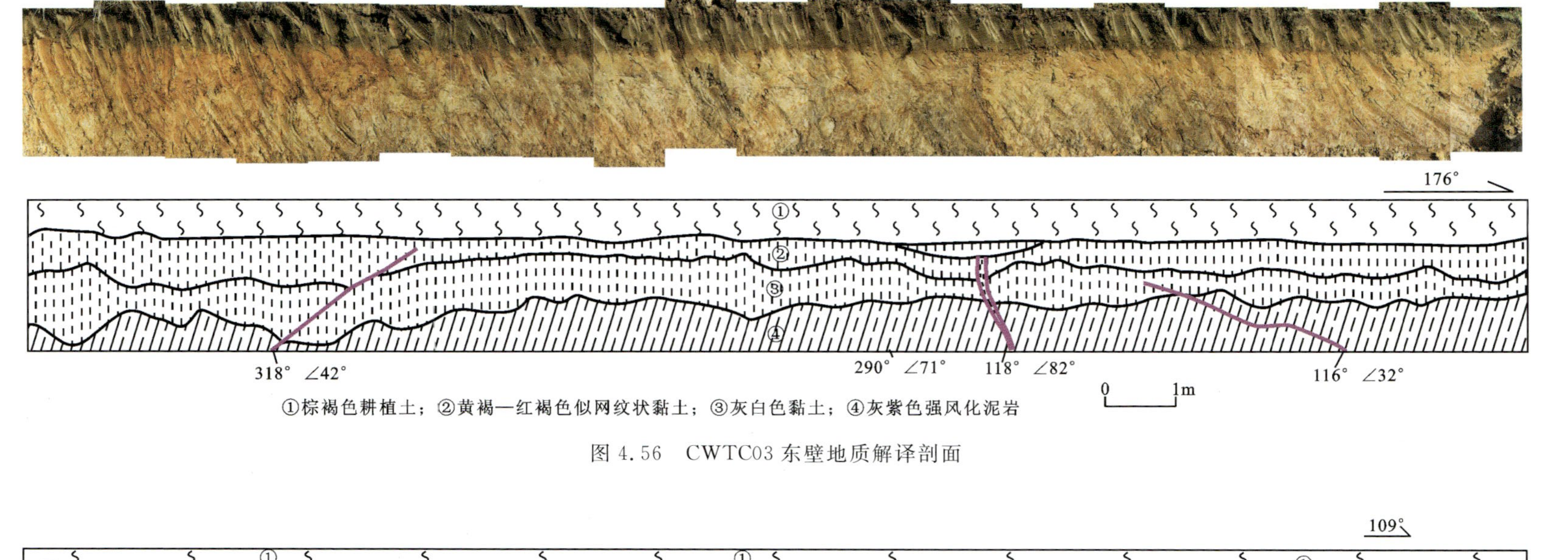

①棕褐色耕植土；②黄褐—红褐色似网纹状黏土；③灰白色黏土；④灰紫色强风化泥岩

图 4.56　CWTC03 东壁地质解译剖面

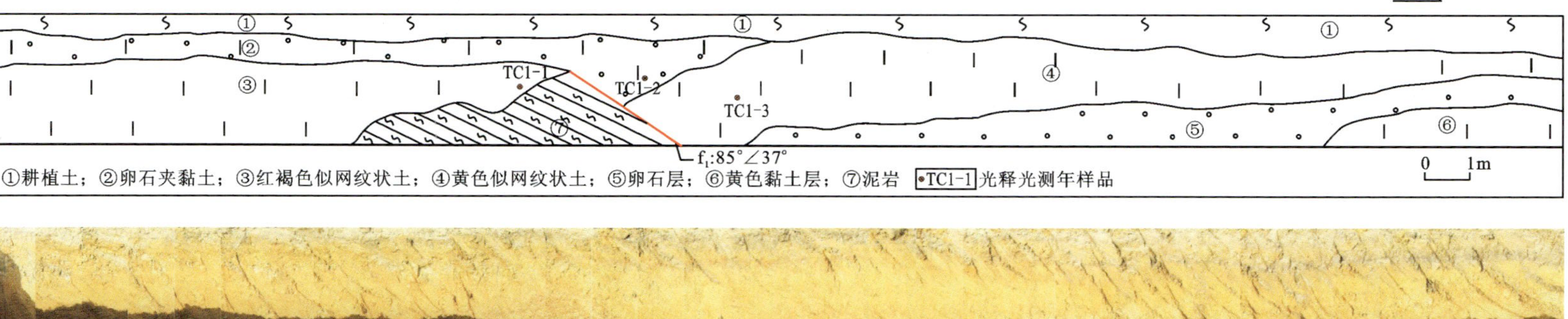

图 4.57　CWTC04 西壁剖面图及照片

层③:红褐色黏土层,似网纹状土,主要成分为黏性土,局部有白色粉砂质,厚1.5~2m。

层④:黄色黏土层,黄褐色,似网纹状土,主要成分为黏性土,含少量粉砂质黏土,厚1.5~2m。

层⑤:卵石层,以卵石为主,磨圆度好,分选好,由黏土胶结而成,厚0.5~1m。

层⑥:黏土层,黄色,主要成分为黏性土,质地均匀,集中于东段,厚约0.7m。

层⑦:泥岩,红褐色,强风化为红褐色黏土,未见底。

构造描述:探槽揭露断裂1条(f_1),其产状为85°∠37°,从上到下依次错动层③、层④,被层②覆盖。

探槽05(CWTC05)

探槽地理位置:石桥镇沙圳村更口屯更口沙场处(东安江Ⅱ级阶地)。

探槽经纬度:111°56′92.09″E,23°85′27.94″N。

分层描述(图4.58):

层①:耕土,厚0.15~0.5m。

层②:填土,棕红色,为碎砖块充填,厚约1m。

层③:灰黄色黏土,主要由黏性土组成,含有少量粉砂质,厚1~2m不等。

层④:深灰色黏土,主要由黏性土组成,集中于东安江北端,厚约1.5m。

层⑤:灰色夹黄色粉砂土,灰色夹黄色,主要由黏性土组成,含有少量粉砂质,厚0.5~1m。

层⑥:灰色夹黄色条带黏土,灰色夹黄色黏土,厚约0.5m。

层⑦:黄色黏土,似网纹状土,主要由黏性土组成,集中在南端,厚1~1.5m。

层⑧:泥岩,红褐色,强风化为红褐色黏土,未见底。

构造描述:探槽揭露断裂1条(f_1),产状为329°∠74°,断裂错断层⑤、层⑥,被层③覆盖。

探槽06(CWTC06)

探槽地理位置:石桥镇奇冲村胜洲屯东75°方向350m民宅门前空地处。

探槽经纬度:111°56′39.90″E,23°82′35.88″N。

分层描述(图4.59):

层①:灰色杂填土,杂色,主要由碎砖块、碎石块和黏土组成,厚约1.5m。

层②:耕土,黑色,主要由黏性土组成,夹植物根系,厚0.3~0.7m。

层③:灰黄色黏土,主要由黏性土组成,夹有少量耕土,厚0.5~1m。

层④:黄色黏土,主要由黏性土组成,含有少量粉砂质,厚约0.7m。

层⑤:棕红色黏土,似网纹状土,主要由黏性土组成,集中在探槽北端,厚约0.8m。

层⑥:灰白色粉砂质黏土夹碎砖块,主要由黏性土组成,含有粉砂质,偶见碎砖块,厚0.4m。

构造描述:此探槽未揭露断裂,为验证探槽。

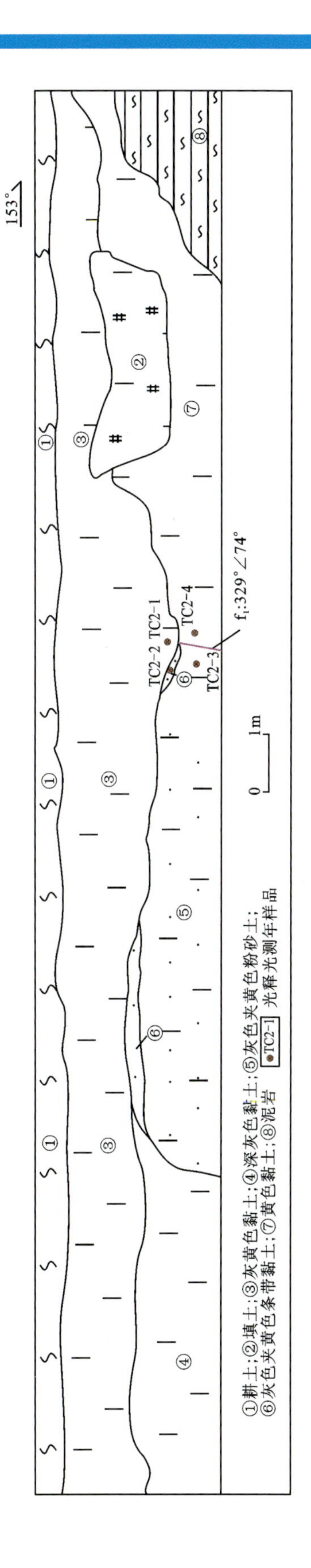

图 4.58 CWTC05(西壁)剖面图和照片

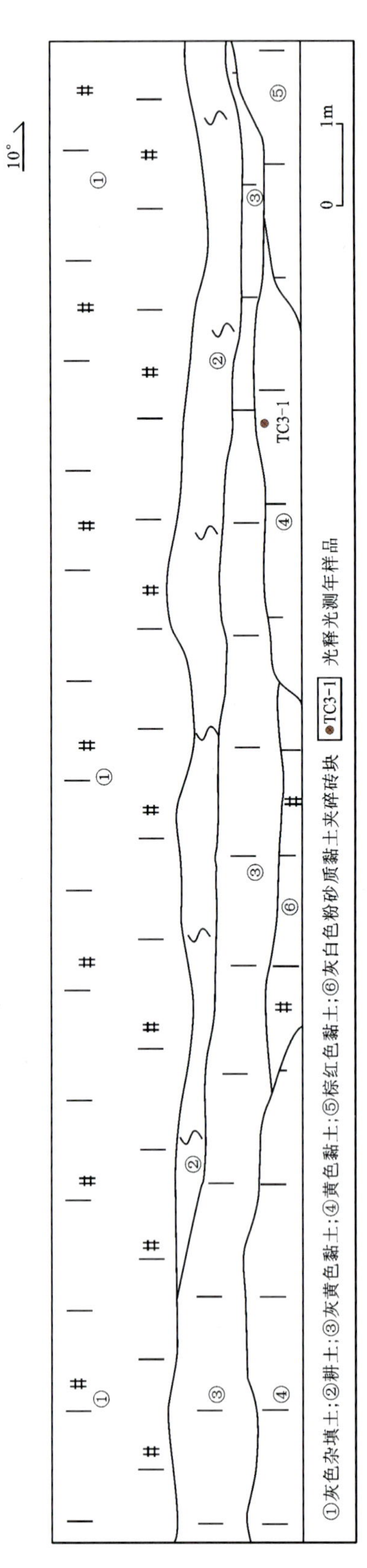

图 4.59 CWTC06 剖面图和照片

第五章　小震精定位

2016 年苍梧 5.4 级地震是在华南地区近年来地震活动相对增强形势下发生，是广西地区近年来震级最大的地震。对苍梧 5.4 级地震序列进行精定位，精确的地震震源定位结果是开展苍梧 5.4 级地震发震构造、地震成因等研究的重要基础。开展对 5.4 级地震附近断裂的小震精定位工作，对于了解小震的精确位置与震区附近主要断裂的关系具有重要意义。

第一节　双差定位方法

地震定位是指确定震中的位置、震源深度及发震时刻(地震三要素)，台网的分布和台站密度、时间服务、地震波到时读取的精确度、地壳结构模型及算法等因素，都会影响地震的测定精度。常规的地震定位采用绝对定位方法，2006 年前广西壮族自治区地震台网定位程序采用 blocn20 地震定位程序，使用范玉兰等 1988 年编写的“华南地区地震波走时表”，地壳模型为双层速度结构模型。2008 年至今，广西区域地震台网主要用单纯性定位方法，依据“华南地区地震波走时表”搜寻走时残差最小的解。为了进一步提高定位的精度，常采用与绝对定位不同的相对定位法。如 Fukao(1972)和 Fitch(1975)提出的主事件定位法，还有 Waldhauser 和 Ellsworth(2000)提出的双差定位法。相对定位法可以有效地减小由地壳结构引起的误差，有明显的优越性。主事件定位法是以预先选定的一个事件作为参考，将其他事件相对主事件来定位。双差定位法反演的是一组地震丛集中的每个地震相对于该丛集矩心的相对位置，丛集的空间跨度可以很大，它要求丛集中每两个相邻的地震事件之间的距离远小于事件到台站间的距离，且波传播的路径上速度不均匀体的线性尺度这一条件成立。本章选用现在流行的相对定位法中的双差定位法进行地震定位。双差定位法消除了震源至地震台站的共同传播路径效应，震源之间相对位置的误差主要由它们之间较短距离上的介质不均匀性引起，它要比震源区至地震台站之间较长距离上的介质不均匀性引起的误差小得多。因此，由双差地震定位方法所确定的地震震中的相对位置比常规地震定位方法得到的结果更加精确，定位精度可达Ⅰ类。

在双差定位法中，使用两个地震的走时差的观测值与理论计算值的残差确定其相对位置：

$$\frac{\partial t_K^i}{\partial m}\Delta m^i - \frac{\partial t_K^j}{\partial m}\Delta m^j = \mathrm{d}r_K^{ij}$$

$$\mathrm{d}r_K^{ij} = (t_K^i - t_K^j)^{\mathrm{obs}} - (t_K^i - t_K^j)^{\mathrm{cal}}$$

式中，dr_K^{ij} 为第 i 个地震至第 K 个地震台的地震波的走时 t_K^i 与第 j 个地震至第 K 个地震台的地震波的走时 t_K^j 之差的观测值 $(t_K^i - t_K^j)^{obs}$ 与理论计算值 $(t_K^i - t_K^j)^{cal}$ 的残差；$\Delta m^i = (\Delta x^i, \Delta y^i, \Delta z^i, \Delta t^i)$，为第 i 个地震的震源参数 $(x^i, y^i, z^i, t^i)^T$ 的改变量。

为了得到各次地震的位置，首先假定在重新定位前后，所有地震的平均位置不变，平均发震时刻也不变。得到各次地震的相对位置后，在使走时残差减小的约束条件下，对地震平均位置进行调整，从而得到各次地震的最终定位结果。在本项计算中，采用奇异值分解算法求解方程。

第二节 地壳速度结构模型

"7·31"苍梧 5.4 级地震发生在桂东地区，国家测震台网和广西区域台网都记录到了较好的地震波形。据统计，苍梧 5.4 级地震震中 200km 范围内共有测震台站 12 个，其中 100km 范围内有 4 个，最近的贺州台(HZS)距震中约为 38km(图 5.1)。分布较均匀的测震台站记录到了高信噪比的苍梧地震波形数据，是本节进一步准确测定苍梧地震震源深度的数据基础。由于该区域缺乏精细的速度结构模型，使用远震接收函数方法反演了 HZS 台下方的速度结构(图 5.2)，结果显示苍梧地区地壳厚度约为 30km，浅表覆盖层 P 波和 S 波速度较 CRUST 2.0 的高。综合考虑桂东地区的实际地质情况、CRUST 2.0 全球地壳速度及密度模型建立了该区域的一维速度结构模型(表 5.1)。对"7·31"苍梧 5.4 级地震进行近区域与震区中小震精定位、震源机制解反演时采用表 5.1 中的速度结构模型。

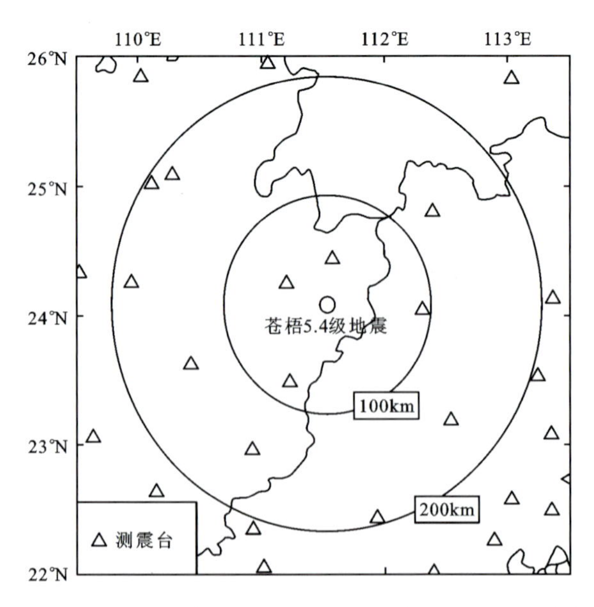

图 5.1 "7·31"苍梧 5.4 级地震震中附近测震台网分布

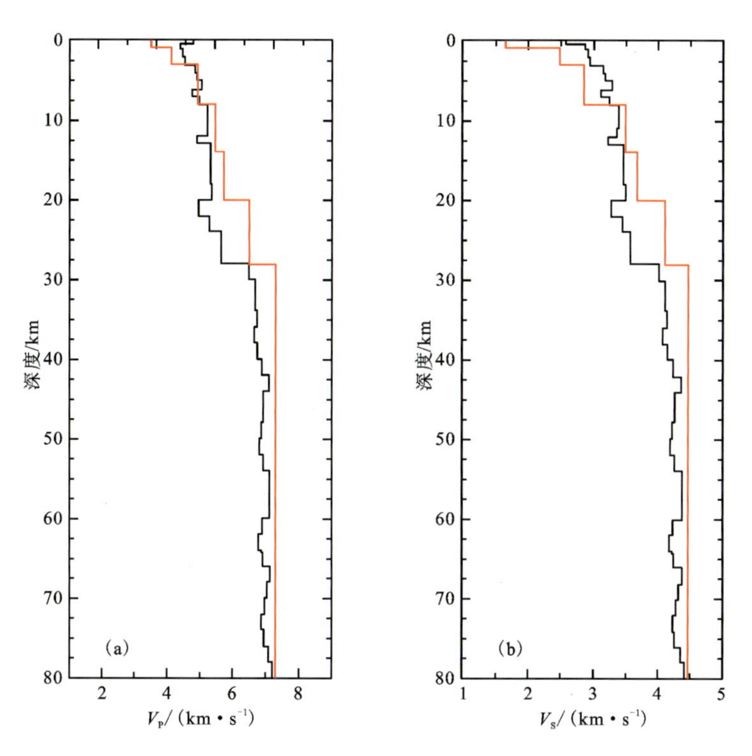

图 5.2 利用远震接收函数反演苍梧地区 P 波速度结构(a)和 S 波速度结构(b)
(红色为初始模型;黑色为反演结果)

表 5.1 苍梧地区地壳分层速度模型

层厚/km	V_P/(km·s^{-1})	V_S/(km·s^{-1})	密度/(g·cm^{-3})	Q_P	Q_S
0.50	5.28	2.44	2.50	150	75
8.00	5.30	3.33	2.51	184	92
12.00	5.74	3.40	2.61	433	210
9.00	5.94	3.46	2.67	1324	549
∞	7.69	4.27	3.23	1447	600

第三节 地震近区域地震精定位前后结果对比分析

自 1970 年 1 月至 2018 年 12 月，苍梧 5.4 级地震近区域共发生 M_L2.0 以上地震 26 次，其中 2.0～2.9 级 22 次，3.0～3.9 级 3 次，4.0～4.9 级 0 次，5.0～5.9 级 1 次，最大地震为 2016 年 7 月 31 日 17 时 18 分广西苍梧(24.08°N，111.53°S)5.4 级地震。

1970 年 1 月至 2018 年 12 月期间，近区域范围内能查找到的 M_L2.0 以上地震目录共有 26 条。笔者查阅了以上地震目录的地震综合分析报告表及原始记录图，未发现爆破事件、疑爆事件等。1970 年至 2006 年为模拟记录，仅有 12 条 M_L2.0 以上地震目录。由于利用的精定位双差定位法需要较多的地震形成地震对才能进行定位，这 12 次地震的震相较少，不符合双差定位条件。2007 年至 2018 年地震记录是数字记录，震相较多，因此仅对该时间段的地震进行了精定位工作。

图 5.3 是 1970 年 1 月至 2018 年 12 月"7·31"苍梧 5.4 级地震近区域初始定位震中分布图。从图中可以看出，近区域共有 17 条断裂，小震主要分布在钟山县与八步区的 F_1、F_{13}、F_{14}、F_7、F_2 断裂的端部或断裂上，苍梧 5.4 级地震发生在由 F_{13}、F_{15}、F_{17}、F_{16} 断裂包围的空间位置。

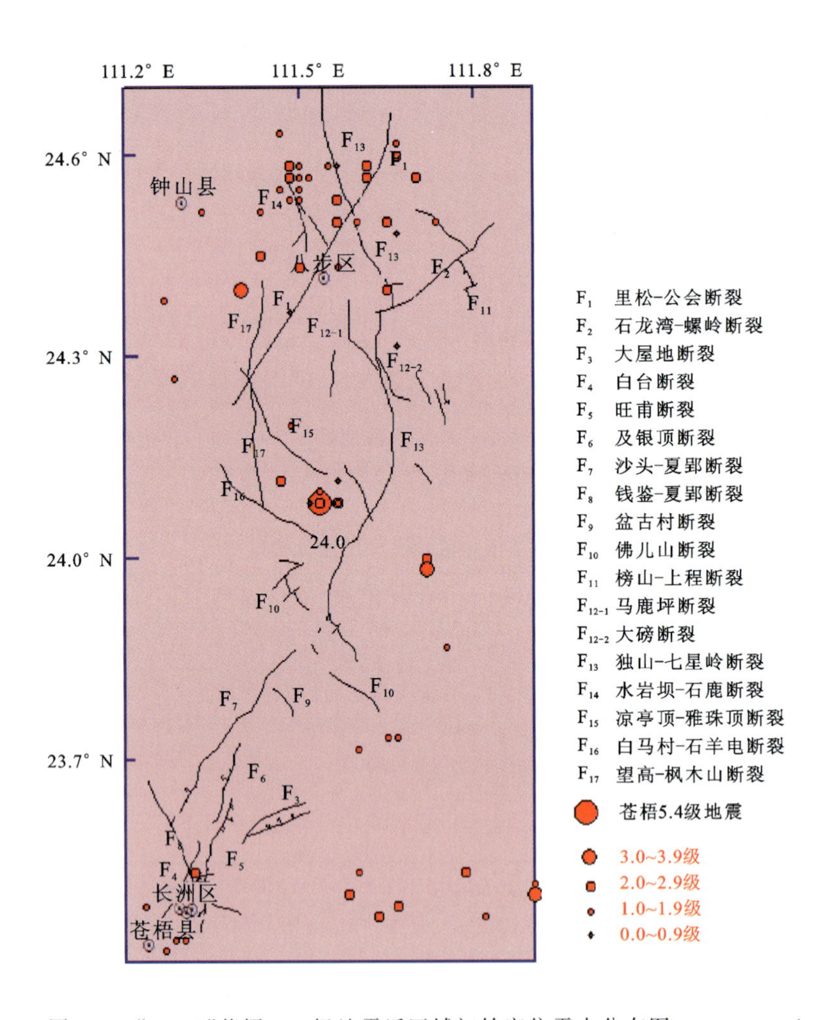

图 5.3 "7·31"苍梧 5.4 级地震近区域初始定位震中分布图(1970—2018 年)

图 5.4 是 2007 年 1 月至 2018 年 12 月近区域地震初始定位震中分布图。从图中可以看出，小震主要分布在 F_{14} 断裂，其余断裂很少有地震发生。苍梧 5.4 级地震发生在由 F_{13}、F_{15}、F_{17}、F_{16} 断裂所包围的空间位置。

图 5.5 是 2007 年 1 月至 2018 年 12 月近区域地震精定位震中分布图。从图中可以看出，小震更明显地分布在 F_{14} 断裂北端。

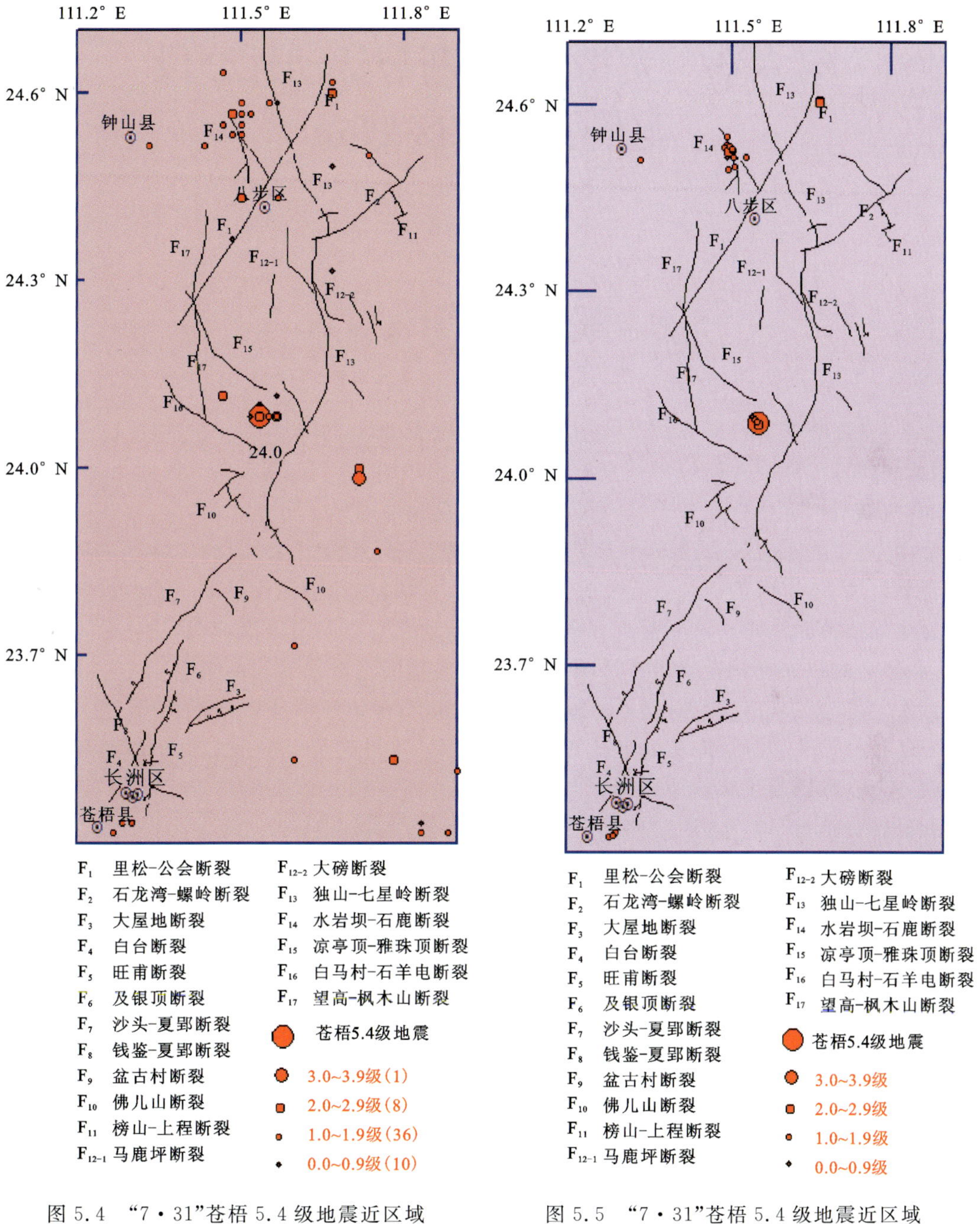

图 5.4 "7·31"苍梧 5.4 级地震近区域初始定位震中分布图(2007—2018 年)

图 5.5 "7·31"苍梧 5.4 级地震近区域精定位震中分布图(2007—2018 年)

第六章 贺街-夏郢断裂活动性分段与潜在震源区划分

第一节 遥感影像特征

沙头-夏郢断裂(F_7)从基岩山体中通过，在遥感影像上的线性特征非常弱，线性特征不明显，断裂两侧的地层和地貌特征没有太大差异，也没有太明显的反映。据此推测，由于断层活动时代较早，又发育在基岩里，所以在影像上反映不明显。

独山-七星岭断裂(F_{13})整体线性特征比较清楚，呈舒缓波状，在第四纪盆地和谷地附近线性特征清楚，断层两侧地貌也有反映，经过基岩山体时线性特征比较弱，但比沙头-夏郢断裂穿过基岩山体时清楚。该断裂具多期活动，其活动性自北向南逐渐减弱，中生代有过强烈活动，在新近纪以来和早更新世有过明显的活动，晚第四纪以来活动不明显。

沙头-夏郢断裂(F_7)与独山-七星岭断裂(F_{13})在石桥镇和沙头镇附近接合交会，交会部位在石桥镇和沙头镇等展布串珠状小型第四纪盆地，盆地边界部位有较好的线性特征和地貌反映，贺街-夏郢断裂从盆地边缘或者内部经过。石桥镇和沙头镇均位于一小型盆地内，本段线性特征清楚，地貌上西北部为山地，东南部为有低矮丘陵的盆地。2016年7月31日广西苍梧5.4级地震震中位于该段断裂西侧约6km处，发震构造即与该断裂有关。

第二节 地震地质调查

从地震地质调查结果看，在贺街-夏郢断裂中段附近、北东向断裂与北北东向断裂的转折部位、苍梧县石桥镇和沙头镇及贺州市仁义镇和信都镇一带分布北东向展布的串珠状第四纪盆地，这些盆地呈菱形或者方块形，其边界普遍受3组断裂控制：走向345°左右断裂、走向15°～30°断裂、走向60°～70°断裂。这些断裂控制了盆地边缘，形成了盆山界线；控制了盆地内水系发育和水系流向，如在石桥镇，北东向和北西向断裂控制了东安江发育，限制了东安江流向，使其形成“之”状水系。在这3组断裂中，北东向或北东东向断裂为最新活动断裂，它们切割北西向和北北西向断裂，在沙头镇黑石村附近对上覆第四纪残坡积层有“扰动”迹象，对沙头镇龙科村东安江Ⅱ级阶地有断移迹象，对石桥镇第四纪盆地内晚更新世土层有一定影响，导致盆地内第四纪土层“西高东低”，地貌上形成有一定坡降的“掀斜”地貌，由此可见贺街-夏郢断裂中段在中更新世中—晚期还有活动。正是北东向贺街-夏郢断裂中段中更新世中—晚期活动才引起该断裂内部或者附近北东东向断裂和北东向断裂活动，进而在贺街-夏郢断裂中段附近形成并展布一系列的北东向或北西向中更新世中—晚期活动的断陷小盆地。

第三节　断裂活动性分段研究

根据区域、近区域和贺街-夏郢断裂中段地震地质调查成果，并综合中段地球物理勘探和探槽开挖等成果，大致以大桂山附近的北西向断裂和梨埠镇附近的盆古村断裂为界，可将贺街-夏郢断裂分为 3 段：北段、中段和南段。其中，中段活动性最强，中更新世中—晚期还在活动；北段次之，主要是在早—中更新世活动；南段为前第四纪活动断裂，下面分别进行叙述。

北段：以大桂山附近的北西向断裂为界的以北区段，主要为独山-七星岭断裂。该段断裂在遥感影像上整体线性特征比较清楚，呈舒缓波状，在第四纪盆地和谷地附近线性特征清楚，断层两侧地貌也有反映，经过基岩山体时线性特征比较弱，但比沙头-夏郢断裂穿过基岩山体时清楚；局部可见断裂两侧河流阶地发育不对称，河谷地貌形态有差异，沟谷同向弯曲；在贺街香花冲和太平冲一带，断裂在山地与垄状岭脊的交界处通过，使垄状岭脊和沟谷发生右旋同向弯曲，并可见到切错岭脊后形成的陡坎；断裂南部溶洞内的钟乳石、灰华等产生错断或裂隙，如南段新路大松山附近一溶洞，老的裂隙重新活动使灰华断开，石柱被错断，错断面走向近南北，倾向西，倾角 40°，与区域断层活动性质一致；在贺州市八步区白花寨村口公路边，发育的断层泥热释光样品年龄为(151.59±16.67)ka。该段断裂具多期活动，中生代有过强烈活动，在新近纪以来和早更新世有过明显的活动。

中段：大致位于大桂山附近的北西向断裂和梨埠镇附近的盆古村断裂之间区段，是苍梧 5.4 级地震震中区位置，北东向断裂与北北东向断裂接合部位就位于该段。该段断裂上分布有串珠状第四纪盆地，盆地边界部位有较好的线性特征和地貌反映。地貌上西北部为山地，东南部为有低矮丘陵的盆地。这些盆地边界普遍受 3 组断裂控制(北北西向、北北东向和北东向)，这些断裂控制了盆地边缘和盆地内水系发育和流向。该段断裂在沙头镇黑石村附近对上覆晚更新世残坡积层有“扰动”影响，对沙头镇龙科村东安江Ⅱ级阶地有断移迹象，对石桥镇第四纪盆地内晚更新世土层有一定影响，导致盆地内地貌“掀斜”，可见贺街-夏郢断裂中段在中更新世中—晚期还有活动。

南段：以梨埠镇附近的盆古村断裂为界的以南区段，主要为沙头-夏郢断裂。在遥感影像上，线性特征非常弱，线性特征不明显，断裂两侧的地层和地貌特征没有太大差异，也没有太明显的反映；沿该段断裂走向，断裂通过地区线性负地形不发育，未发现断裂对水系有控制作用、对山体地形有水平方向和垂直方向的错动、有错断上覆残积土层或切入上覆残积土层的迹象。综上判断该段断裂为前第四纪断裂。

第四节　潜在震源区划分

中强地震潜在震源区边界和震级上限的判定一直是潜在震源区划分中的难点问题，主要原因是中强地震地区晚第四纪以来构造活动相对较弱，发震构造的地表构造标志不甚明显（周本刚和沈得秀，2006）。因此，采用中国西部重点考虑的活动断层地表破裂分段因素来划分高震级潜在震源区的方法，并不完全适用于中国东部中强地震潜在震源区的划分。沿中国东部地区中强地震构造带划分潜在震源区时，应充分分析该构造带上不同区段第四纪（甚至新近纪）以来构造活动性和地震活动性的差异，并考虑横向断层的作用，进行活动性分段，在此基础上，根据构造类比，判定各潜在震源区的震级上限（周本刚，2008）。

本书划分潜在震源区主要考虑了以下 3 个原则：①潜在震源区沿断裂走向划分，长轴边界依据断裂活动性分段的结果确定；②潜在震源区短轴方向边界主要考虑断裂规模、倾向和本次 5.4 级地震主震和余震分布情况综合确定；③潜在震源区震级上限综合考虑断裂区段内构造活动和地震活动情况判定。

苍梧潜在震源区：呈北东向条带展布，位于苍梧县石桥镇、沙头镇和贺州市仁义镇一带，长约 35km，宽约 15km，呈北东向，北东向贺街-夏郢断裂中段通过该区。该段断裂在新生代以来有过较强的活动，沿断裂发育有串珠状第四纪盆地，盆地边界部位有较好的线性特征和地貌反映，断裂控制了盆地边缘和盆地内水系发育和流向，对东安江Ⅱ级阶地和上覆晚更新世残坡积层有"扰动"影响，说明断裂在中更新世中—晚期仍有较强的活动。贺街-夏郢断裂中段为 2016 年苍梧 5.4 级地震的发震构造，地震震中位于该段断裂西北侧。本次地震是广西内陆有仪器记录以来发生的最大地震，潜在震源区震级上限为 5.5 级。

第七章　发震构造判定

2016年7月31日广西苍梧县发生5.4级地震，震源深度10km，位于广西、湖南、广东三省(区)交界，具有特殊的大地构造、地形地貌、地震学和震源学等特征。本次地震发生于华南少震弱震地区，震区岩性主要为泥盆系和寒武系的砂页岩，易于吸收地震波能量；地震持续时间短，约为19s，相比全国其他地区同类地震持时(35s左右)短，地震破坏力相对较弱；余震少且震级低。主震之后，一般会伴随着大量余震，苍梧地震发生后，截至2016年8月2日22时，共记录到余震11个，最大余震为2.0级，且主震和余震不位于同一条断裂带上。此次地震相比国内同等级地震，造成的灾害损失相对较轻，但它打破了华南少震弱震地区的平静，应引起足够重视。苍梧5.4级地震发震构造判定有利于苍梧地区工程抗震设防和贺街-夏郢断裂地震危险性评价工作。

第一节　震中区宏观地震调查

图7.1是经过调查的苍梧5.4级地震烈度图，此次地震Ⅶ度区涉及梧州市苍梧县沙头镇、贺州市八步区仁义镇松高村和新联村，长轴长12km，短轴长8km，面积约70km²，涉及人口2239人；Ⅵ度区涉及梧州市苍梧县沙头镇和石桥镇，贺州市八步区贺街镇、步头镇和仁义镇，贺州市平桂管理区鹅塘镇、沙田镇和公会镇，长轴长52km，短轴长28km，面积约1090km²，涉及人口104 766人(表7.1)。据图7.1可知，此次地震发生在贺街-夏郢断裂以西、主断面倾向一侧，震中位置距断裂露头处最近约6km，等震线呈椭圆形，长轴呈北北东向(近南北向)，与贺街-夏郢断裂走向基本一致，据此推测北北东向的贺街-夏郢断裂为本次地震的发震构造。

表7.1　广西苍梧5.4级地震影响范围概况

地震烈度	分布范围	面积/km²	人口/人	人口密度/(人·km⁻²)
Ⅶ度	苍梧县沙头镇参田村；八步区仁义镇松高村和新联村	70	2239	31.99
Ⅵ度	苍梧县沙头镇、石桥镇和梨埠镇；八步区贺街镇、步头镇和仁义镇；平桂区鹅塘镇、沙田镇和公会镇	1090	104 766	96.12
合计		1160	107 005	92.25

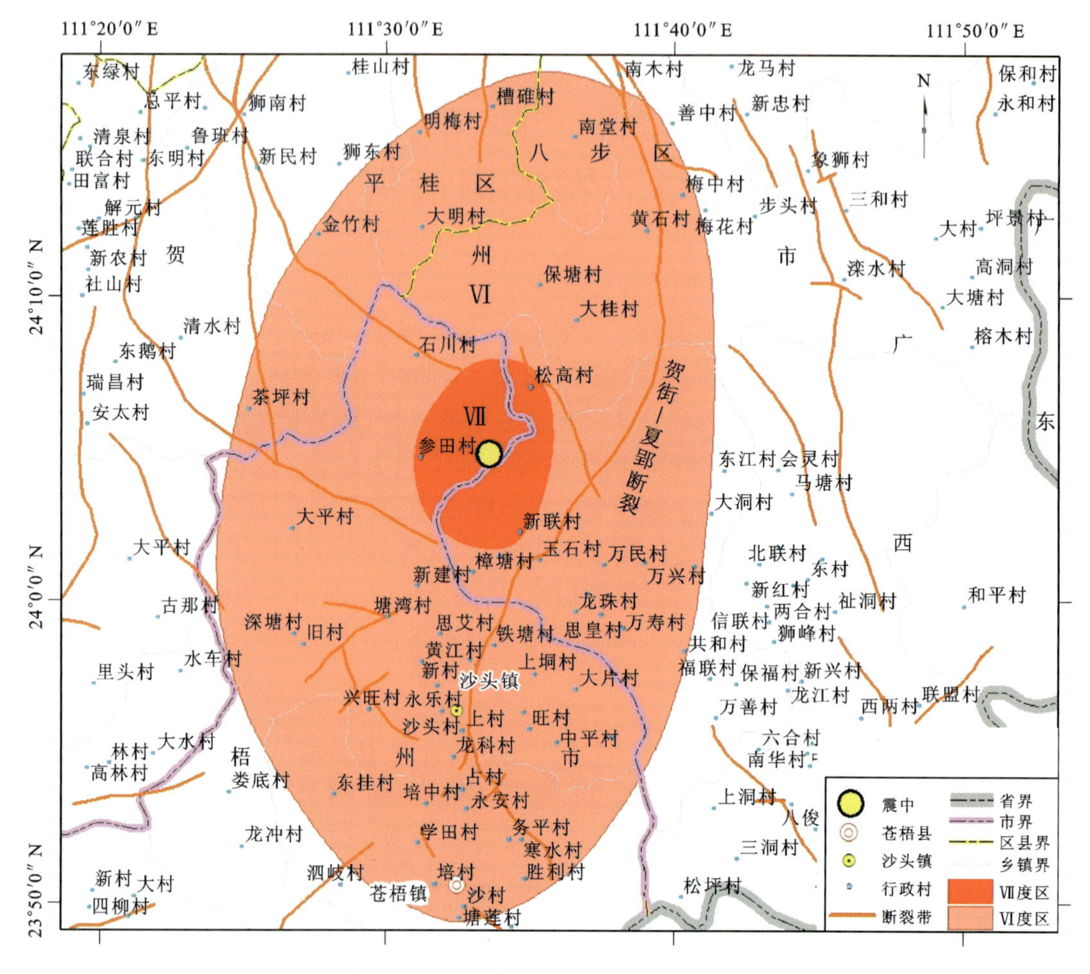

图 7.1　广西苍梧 5.4 级地震烈度分布图

第二节　余震分布

广西苍梧 5.4 级地震序列始于 2016 年 7 月 31 日，历时 34d，结束于 9 月 3 日。广西地震台网共记录 M_L0.0 以上余震 11 次，其中 M_L＝0.0～0.9 的 6 次，M_L＝1.0～1.9 的 4 次，M_L＝2.0～2.9 的 1 次，最大余震发生在 9 月 3 日，M_L＝2.1。

图 7.2 是苍梧 5.4 级地震地震序列初始定位分布图。从图中可以看出，小震分布在 5.4 级主震周围，没有明显的优势分布方位。

图 7.3 是苍梧 5.4 级地震地震序列精定位后分布图。使用双差定位法对 2016 年 7 月 31 日苍梧 5.4 级地震序列进行重新定位。从定位结果可以看出，地震序列空间分布总体呈北北东向。长轴为北北东向，长 5.3km；短轴呈北西向，长 3.5km。整体位于贺街-夏郢断裂西侧，F_{13}断裂是贺街-夏郢断裂的一部分，F_{13}断裂走向北北东，地震序列空间分布与 F_{13}断裂走向基本一致。

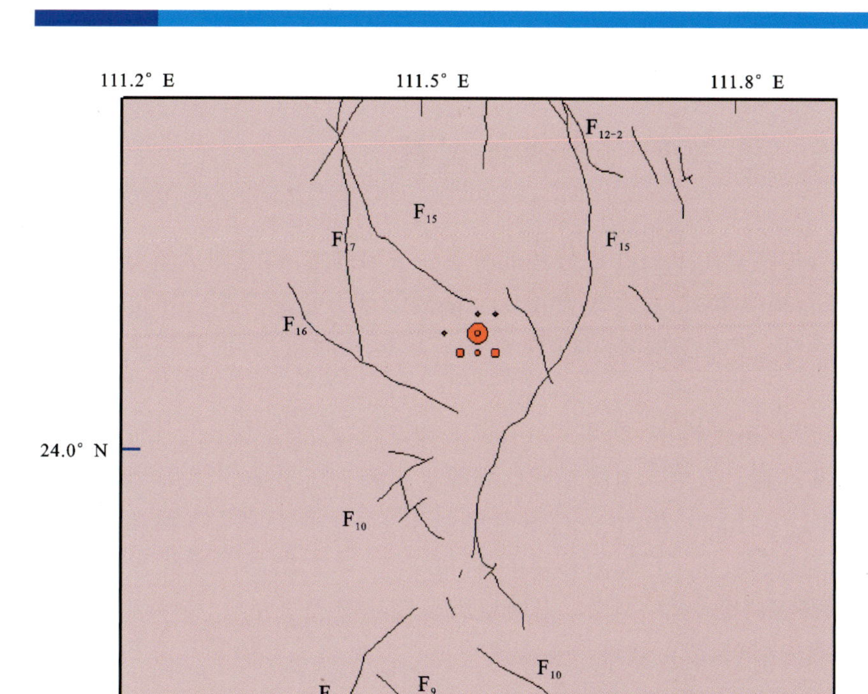

图 7.2　广西苍梧 5.4 级地震序列初始定位分布图

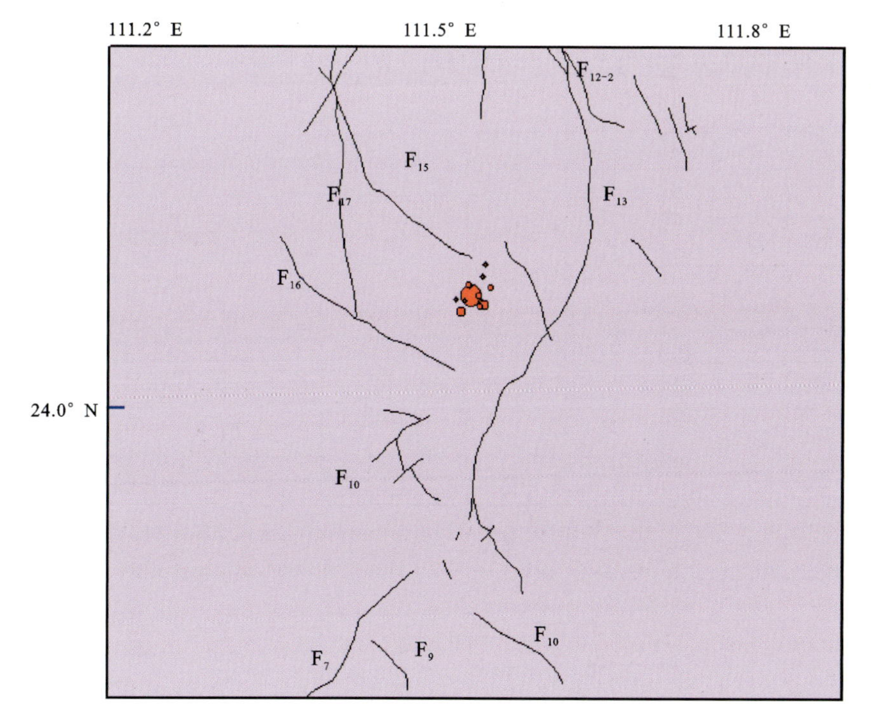

图 7.3　广西苍梧 5.4 级地震序列精定位分布图

第三节 震源机制解

在震源机制解研究中，传统采用 P 波初动方法或者单一波形的方法，需要大量分布在不同震中距和方位角的地震台提供数据，这在很大程度上限制了该方法的应用。相比 P 波初动方法，波形反演方法可靠性、准确性较高，需要的数据资料也相对较少，因此得到了广泛应用。

基于近震台站波形资料和速度模型，利用 Cut and Paste(CAP)方法(Zhao，1994；Tan，2006；韦生吉等，2009)反演得到了苍梧 5.4 级地震的震源机制解。结果显示，此次地震的最佳双力偶震源机制解节面Ⅰ走向 330°、倾角 42°、滑动角 −18°，节面Ⅱ走向 74°、倾角 78°、滑动角 −131°，P 轴方位 305°、倾角 42°，T 轴方位 84°、倾角 40°。以上结果与美国哈佛大学(HRV)、德国波茨坦地球科学研究中心(GFZ)、中国地震局地球物理研究所、中国地震台网中心、中国地震局第二监测中心、天津市地震局等多家单位和专家给出的结果具有很好的一致性(表 7.2)。

表 7.2 广西苍梧 5.4 级地震震源机制解　　单位：(°)

编号	节面Ⅰ			节面Ⅱ			P 轴		T 轴		B 轴		X 轴		Y 轴		方法	结果来源
	走向	倾角	滑动角	走向	倾角	滑动角	方位	倾角	方位	倾角	方位	倾角	方位	倾角	方位	倾角		
1	330	42	−18	74	78	−131	305	42	193	22	84	40					CAP	本书结果
2	324	38	−20	71	78	−126	305	45	188	24	79	35					FOCMEC	①
3	326	38	−36	86	69	−122											FOCMEC	②
4	338	49	−6	72	85	−139											CAP	③
5	341	49	−22	85.8	73.6	−137											CAP	④
6	252	90	−143	162	53	0											CAP	⑤
7	336	55	−24	80	71	−142												⑥
8	340	37	−18	85	79	−125											CAP	⑦

注：①广西壮族自治区地震局，郭培兰；②天津市地震局，刘双庆；③中国地震台网中心；④中国地震局第二监测中心，李君；⑤中国地震局地球物理研究所，韩立波；⑥http://www.globalcmt.org/CMTsearch.html，美国哈佛大学；⑦徐晓枫等，2017。

目前对中强地震发震构造的判定主要依据震源机制解、等震线分布、余震分布和现场地震地质调查等资料。从震源机制解结果来看，此次地震的主压应力方向为北西西向，节面Ⅰ走向北北西，具有左旋走滑运动性质；节面Ⅱ走向北东东，具有带正断分量的右旋斜滑运动性质(图 7.4)。从等震线结果来看，此次地震发生在贺街-夏郢断裂以西、主断面倾向的一侧，震中位置距离断裂露头处最近约 6km。等震线呈椭圆形，长轴近南北向，与贺街-夏郢断裂走向基本一致。从精定位后余震分布来看，长轴为北东东向，短轴呈北西向，优势分布方向与节面Ⅰ和节面Ⅱ走向基本一致。综合震中区附近地震地质调查结果，北东向贺街-夏郢断裂为苍梧 5.4 级地震的发震构造。

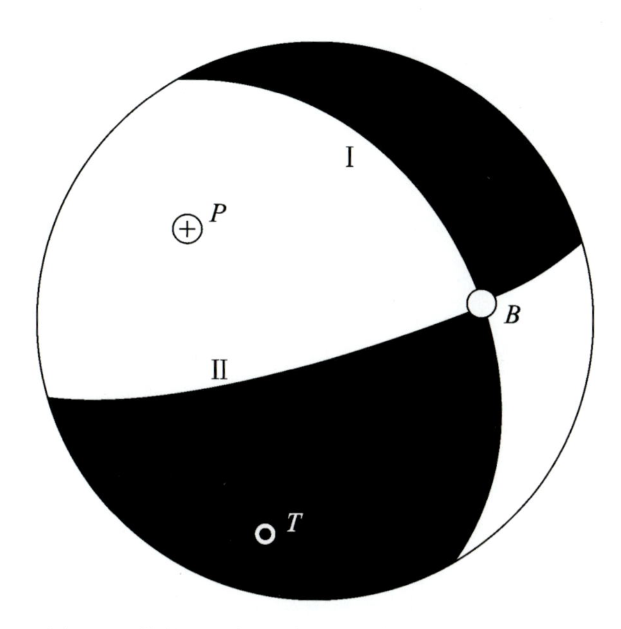

图 7.4　苍梧 5.4 级地震震源机制解(据郭培兰，2019)

第四节　发震构造判定

从等震线分布和余震分布等结果看，苍梧 5.4 级地震的等震线呈椭圆形，长轴近南北向，与贺街-夏郢断裂中段走向基本一致；从精定位后的余震分布来看，长轴为北东东向，沿贺街-夏郢断裂中段展布。综上判断，贺街-夏郢断裂中段为苍梧 5.4 级地震的发震构造。

第八章 结 论

根据遥感影像解译、地震地质调查、地球物理勘探、钻探验证、探槽开挖，并结合小震精定位、宏观地震调查、余震分布和震源机制解特征，本书对苍梧5.4级地震震中区主要断裂活动性进行了鉴定，即对贺街-夏郢断裂进行了活动性分段研究，划分并建立了苍梧潜在震源区的边界和震级上限，同时对发震构造和深、浅构造耦合作用进行了分析，得出的主要认识如下。

(1)地震地质研究表明，震中区附近断裂均为早第四纪或前第四纪断裂。

(2)贺街-夏郢断裂大致以大桂山附近的北西向断裂和梨埠镇附近的盆古村断裂为界分为3段，即北段、中段和南段。其中，中段活动性最强，在中更新世中—晚期还在活动；北段次之，主要是在早中更新世活动；南段为前第四纪断裂。

(3)在贺街-夏郢断裂中段石桥镇、沙头镇和仁义镇一带有北东向展布的串珠状断陷盆地。这些盆地呈菱形或者方块形，在遥感影像上非常清晰。正是北东向贺街-夏郢断裂中段中更新世中—晚期活动才引起该断裂内部或者附近北东东向断裂和北西向断裂活动，进而在贺街-夏郢断裂中段附近形成北东向展布的中更新世中—晚期断陷小盆地。

(4)中段断陷盆地边界受3组断裂控制，即走向345°左右断裂、走向15°～30°断裂、走向60°～70°断裂。这些断裂在遥感影像上线性特征明显，控制了盆地边缘，形成了盆山界线，控制了盆地内水系发育和水系流向，多形成角状水系。其中北东向或北东东向断裂活动性最强，它们切割北西向和北北西向断裂，对东安江Ⅱ级阶地和上覆晚更新世残坡积层有"扰动"影响。

(5)苍梧潜在震源区呈北东向条带展布，位于苍梧县石桥镇、沙头镇和贺州市仁义镇一带，长约35km，宽约15km，呈北东向。潜在震源区震级上限为5.5级。

(6)从等震线结果来看，广西苍梧5.4级地震发生在贺街-夏郢断裂以西、主断面倾向的一侧。综合震中区附近地震地质调查等结果判断，贺街-夏郢断裂中段为苍梧5.4级地震的发震构造。

主要参考文献

邓起东，于贵华，叶文华，1992. 地震地表破裂参数与震级关系的研究[M]//国家地震局地质研究所. 活动断裂研究(2). 北京：地震出版社：247－264.

丁国喻，1993. 地震预报与活断层分段[J]. 地震学刊(1)：8－10.

广西工程防震研究院，2015. 梧州市工人医院门诊住院综合楼工程场地地震安全性评价报告[R]. 南宁：广西壮族自治区地震局.

广西壮族自治区地质矿产局，1985. 广西壮族自治区区域地质志[M]. 北京：地质出版社.

郭培兰，李莎，阎春恒，等，2019. 2016年苍梧 M_S 5.4地震活动、震害特征及应急对策[J]. 地震地磁观测与研究，40(1)：64－71.

韩竹军，邬伦，于贵华，等，2002. 江淮地区布格重力异常与中强地震发生的构造环境分析[J]. 中国地震，18(3)：230－238.

李起彤，南金生，1990. 华东地区中强地震构造背景和地质标志研究[J]. 华南地震(1)：1－14.

李细光，李冰溯，潘黎黎，等，2017a. 广西灵山1963年6(3/4)级地震地表破裂带新发现[J]. 地震地质，39(4)：689－698.

李细光，潘黎黎，李冰溯，等，2017b. 广西灵山1963年6(3/4)级地震地表破裂类型与位错特征[J]. 地震地质，39(5)：904－916.

李细光，史水平，黄详，等，2007，广西及其邻区现今构造应力场研究[J]，地震研究，30(3)：235－240.

莫佩婵，李莎，郭培兰，等，2017，2016年7月31日广西苍梧5.4级地震测震学异常研究[J]. 华南地震，38(2)：47－56.

莫佩婵，文翔，黄惠宁，等，2017. 2016年7月31日广西苍梧5.4级地震前兆异常研究[J]. 华南地震，38(3)：52－61.

沈得秀，2007. 华南地区中强地震发震构造的判别及其工程应用研究[D]. 北京：中国地震局地质研究所.

时振梁，2004. 核电厂地震安全性评价中的地震构造研究[M]. 北京：中国电力出版社.

向宏发，韩竹军，张晚霞，等，2008. 中国东部中强地震发生的地震地质标志初探[J]. 地震地质，30(1)：202－208.

谢瑞征，徐徐，黄伟生，1997. 苏浙皖沪地区中强地震潜在震源区判定标志的研讨[J]. 防灾减灾工程学报(1)：11－20.

鄢家全,贾素娟,1996. 我国东北和华北地区中强地震潜在震源区的划分原则和方法[J]. 中国地震(2):173－194.

鄢家全,俞言祥,潘华,等,2008. 关于识别发震构造的思考与建议[J]. 国际地震动态(3):1－17.

章龙胜,周本刚,计凤桔,等,2016. 广东信宜-廉江断裂带东支西南段断裂活动性研究[J]. 地震地质,38(2):316－328.

周本刚,沈得秀,2006. 地震安全性评价中若干地震地质问题探讨[J]. 震灾防御技术,1(2):113－120.

周本刚,杨晓平,杜龙,2008. 广西防城灵山断裂带活动性分段与潜在震源区划分研究[J]. 震灾防御技术,3(1):8－19.

周斌,文翔,原永东,2018. 2016 年苍梧 M_S5.4 地震前后重力变化[J]. 地震地质,40(3):539－551.

周军学,聂高众,谭劲先,等,2017. 2016 年 7 月 31 日广西苍梧 5.4 级地震灾害特征分析[J],地震地质,39(4):780－792.

周依,阎春恒,向巍,等,2019. 2016 年 7 月 31 日广西苍梧 M_S5.4 级地震震源参数[J],地震地质,41(1):150－162.